农业科技扶贫实用技术丛书

核桃栽培
新品种新技术

张美勇　相　昆　徐　颖　王贵芳 ● 编著

山东科学技术出版社

图书在版编目（CIP）数据

核桃栽培新品种新技术 / 张美勇等编著. -- 济南：
山东科学技术出版社，2019.2
（农业科技扶贫实用技术丛书）
ISBN 978-7-5331-9748-3

Ⅰ. ①核… Ⅱ. ①张… Ⅲ. ①核桃－果树园艺 Ⅳ.
①S664.1

中国版本图书馆 CIP 数据核字(2019)第 011554 号

核桃栽培新品种新技术
HETAO ZAIPEI XIN PINZHONG XIN JISHU

责任编辑：周建辉
装帧设计：魏　然　孙非羽

主管单位：山东出版传媒股份有限公司
出　版　者：山东科学技术出版社
　　　　　　地址：济南市市中区英雄山路 189 号
　　　　　　邮编：250002　电话：(0531) 82098088
　　　　　　网址：www.lkj.com.cn
　　　　　　电子邮件：sdkj@sdpress.com.cn
发　行　者：山东科学技术出版社
　　　　　　地址：济南市市中区英雄山路 189 号
　　　　　　邮编：250002　电话：(0531) 82098071
印　刷　者：山东联志智能印刷有限公司
　　　　　　地址：山东省济南市历城区郭店街道相公庄
　　　　　　　　　村文化产业园 2 号厂房
　　　　　　邮编：250100　电话：(0531) 88812798

规格：大 32 开(140mm×203mm)
印张：6　字数：116 千　印数：1～3000
版次：2019 年 2 月第 1 版　2019 年 2 月第 1 次印刷
定价：20.00 元

前　言

　　坚持农业农村优先发展，实施乡村振兴战略，坚决打赢脱贫攻坚战，是党的十九大提出的战略要求。2018 年是全面贯彻党的十九大精神和习近平新时代中国特色社会主义思想的开局之年，也是山东省基本完成脱贫任务、全面建成小康社会的关键一年。要达成既定的脱贫目标，加快建设现代农业，必须紧紧围绕新旧动能转换、推进农业供给侧结构性改革这条主线，因地制宜，大力发展特色产业，提高农业质量效益和竞争力。

　　果树产业是兼备经济、生态和社会效益的优势特色产业，在农村经济发展、农民增收和社会主义新农村建设中发挥着重要作用，对经济欠发达地区的经济发展也具有不可替代的作用，而且积极推动了生态环境建设，日益发挥出其休闲服务及景观功能。山东省素有"北方落叶果树王国"之美誉,果树产业是我省优势特色产业之一,但目前存在品种结构不尽合理、栽培管理技术落后、果品品质下降、生产成本上升、总体经济效益降低诸多问题。

为加快果树新品种新技术的引进推广,助力新旧动能转换,提升果树产业扶贫脱贫的效果,山东省果树研究所组织有关专家编写了这套《农业科技扶贫实用技术丛书》。本丛书涉及的树种较多,基本涵盖了山东省当前栽培的大部分果树树种,重点介绍了果树主栽新品种与新技术,技术性、实用性较强。

相信本丛书的出版对山东省果树产业可持续发展和农村科技扶贫将起到重要的推动作用。

编　者

目 录

一 概　述

(一)经济意义

核桃是重要的经济林树种,是世界四大坚果(核桃、杏仁、腰果、榛子)之一,也是我国重要的木本粮油战略树种。

近年来,党和国家把发展木本粮油作为提升粮油安全保障能力的重要战略举措,先后出台了一系列政策予以支持,核桃被列为重点优势发展树种之一,全国确定了288个重点基地县,明确了主攻方向、重点任务和保障措施,这对核桃产业发展产生了巨大的推动作用,发展势头迅猛,种植面积迅速增加。2012年全国核桃栽培总面积555万公顷,占全国经济林总面积的14.96%,年产核桃201万吨,产值906亿元。

核桃作为重要的坚果类经济树种,除了核桃仁具有食用价值外,枝干、根、枝、叶、青皮都有一定的利用价值。

1. 食用价值

核桃仁和人的大脑形状相似,所以长期被视为一种益智并且美味的坚果。核桃仁含有丰富的对人体健康有益的营养物质,据测定,每 100 克核桃仁含优质油脂 63.0～70.0 克,蛋白质 14.6～25.0 克,糖类 5.4～10.0 克,磷 280 毫克,钙 85.0 毫克,铁 2.6 毫克,钾 3.0 毫克,维生素 A 0.36 毫克,维生素 B_1 0.26 毫克,维生素 B_2 0.15 毫克,维生素 B_3 1.0毫克。核桃不仅营养丰富,而且食用方式也是多样化。

2. 药用价值

核桃含有适宜人体健康的 ω-3 多不饱和脂肪酸、褪黑激素、多酚等,可有效缓解和预防心脏病、动脉疾病、糖尿病、高血压、肥胖症和临床抑郁症等病症,因此核桃药用价值是近几年来研究的热点之一。

我国古人誉称核桃为"万岁子""长寿果",国外则称它为"大力士食品"或"营养丰富的坚果",其保健价值早已被国内外所公认。核桃仁中丰富的营养对少年儿童的身体和智力发育大有益处,并有助于老年人健康长寿。核桃仁中高含量的锌和磷脂可以补脑,维生素 E 可防止细胞老化和记忆力及性机能衰退,丰富的亚油酸可以光滑皮肤、软化血管、抑制胆固醇的形成并使之排出体外。

3. 其他经济价值

核桃除了具有食品工业及药用价值外,还可以用于园林绿化、木材加工、化工、工艺美术等领域。

(1)可作为荒山绿化、水土保持、园林绿化树种:核桃根系发达、树冠枝叶繁茂,多呈半圆形,具有较强的拦截烟尘、吸收二氧化碳和净化空气的能力。

（2）珍贵木材：核桃木色泽淡雅，花纹美丽，质地细韧，经打磨后光泽宜人，且可染色，是制作高级家具、橱柜、工艺品、雕刻品、军工用品、高档商品包装箱及乐器的优良材料。

（3）核桃壳主要用于生物活性炭的制备，核桃壳活性炭在水污染和大气污染控制方面的应用有效推动了农林废弃物资源化利用，同时可有效防止环境污染。

（4）核桃果实青皮含有单宁，可制烤漆，还可用于染料、制革、纺织等行业。

（5）青皮浸出液可防治象鼻虫和蚜虫，抑制微生物的生长。

（二）产业发展现状

1. 栽培历史悠久，生产大而不强

我国核桃资源丰富，根据 1992 年的不完全统计，种质资源已有 380 多种，栽培历史悠久，有文字记载的就有 2 000 多年。种植范围广泛，我国大多数省（直辖市、自治区）均有栽培核桃的历史，并培育出许多优良品种和类型。我国虽是世界核桃生产大国，却并不是生产强国。我国的核桃种植面积和产量均居世界第一，但是在单位面积产量、坚果品质和国际市场售价方面与世界先进国家相比，仍有不小的差距，出口创汇低于美国。

2. 栽培面积平稳增加，管理较为粗放

近年来，我国核桃生产发展较快，种植和收获面积呈稳

步增加趋势。在此期间,尤其是 2006 年以前,除少数省区和部分主产区注意加强管理外,我国大多数产区核桃栽培管理较为粗放,致使产品产量不稳、整体质量不强,缺乏市场竞争力,品牌优势更是无从谈起。核桃虽然属于多年生高大乔木,但是不是一般的用材树,而是果树,核桃栽培不能用造林式的粗放种植方式,应精栽细管。

3. 单产逐渐增加,潜力有待进一步挖掘

我国很多省份在核桃发展方面具有得天独厚的地理优势和自然条件,具有巨大的发展潜力,退耕还林政策更是极大地提高了农民种植核桃的积极性。近年来,随着经济发展和消费者消费意识的改变,核桃价格逐年上升,农民越来越重视核桃生产,人力、资金、技术等的投入不断增加,从而使单产水平不断提高。但是与美国核桃盛产期 6~7 吨每公顷的水平相比,差距非常大,尚有巨大的单产挖掘潜力。

4. 总产增长迅猛,居世界前列

在栽培面积稳定增加和单产水平逐渐提高的共同影响下,我国核桃总产量逐年平稳增加,呈现出明显的增速发展态势,尤其是 2006 年以来增长速度进一步加快。目前,我国核桃总产量已居世界第一位。

5. 价格逐年攀升,呈持续走高态势

核桃不但具有很高的营养价值、药用价值和美容效果,而且食用方便,既可以生食、炒食、蜜炙、油炸等,也可以用于榨油、制作糕点及糖果等。近年来,我国城乡居民的经济收入逐步提高,消费观念逐渐发生改变,随着人们对核桃营养价值认识的不断深入,核桃价格一路走高,虽然各年有起有落,但总体稳定。现阶段,我国核桃生产和消费形势一片大好,不仅国内价格呈持续走高态势,而且国际市场上也屡创新高。值得一提的是,目前国产核桃在国际市场的销售价格仅为美国核桃的70%左右。

6. 精深加工水平低,缺乏国际贸易优势

目前,我国核桃精深加工能力不足,且加工水平低,致使大部分核桃坚果未经精深加工便直接进入销售市场,不但产品附加值较低,而且极大地影响了我国核桃的国际贸易优势。20世纪80年代我国核桃的生产贸易量占世界市场40%的份额,而现在仅占10%。较低的精深加工能力和水平导致我国核桃在国际市场上缺乏贸易优势,降低了我国核桃的综合效益。

7. 科研投入薄弱,综合效益潜力巨大

与美国相比,我国的核桃产业虽然起步很早,但发展缓慢。一个重要的原因就是科研投入严重不足,而且没有引起足够的重视。长期来看,我国核桃产业的综合效益潜力还存在巨大的提升空间。美国核桃产业发展虽然起步较晚,但其重视良种选育、开发和利用,市场调节机制和产业信息平台建设不断完善和健全,科研与产业之间相互转化,并出台了许多扶持政策等,给我国核桃产业发展提供了很好的借鉴与参考。

(三)产业发展前景

提高核桃产业的整体效益和种植者的实际收益是产业持续健康发展的核心动力。品种区域化、集约式经营、规范化管理,提高单位面积产量和坚果品质,实现产后增值处理和产销一体化,是推动核桃产业发展的关键和动力。

从国际核桃市场来看,我国核桃从传统出口优势降为劣势,主要是品种不优、坚果质量不高、市场竞争力不强等原因造成的。充分利用和发挥我国当前核桃产业优势和潜力,切实执行已有的技术规范和产业标准,提高产品的科技含量,变优势为强势、变潜力为效益是完全可行的。

从国内核桃市场看,农村人均消费量仍然很低,城市居民对核桃保健功能的认识不断增强,对核桃的需求量将日益增加。据报道,如果我国13多亿人口人均年消费量从过去的0.6千克提高到1.0千克,那么核桃的需求量将大幅度增大。以核桃仁为主料或辅料的食品种类不断增加,很受市场和消费者欢迎。此外,木材、化工、医药、美容、菜肴、绿化等方面的开发利用,都是拉动核桃产业发展的动力。

为了应对国内外核桃市场对优质坚果的强势需求,我国核桃产业必须在品种优化、区域发展、果园集约管理、采后增值处理、努力提高坚果品质和单位面积产量、产销一体化等方面做大量工作,为市场提供更多更优的产品,实现核桃产业持续健康发展,这是从产量大国走向效益强国的必经之路。

作为世界核桃种植面积大国和产量大国,我国核桃产业在世界核桃产业中具有重要的地位和作用。但必须清醒地看到,我国的生产技术和生产方式仍较落后,产品缺乏竞争力,在科技、规模、品质等方面尚处于初级水平,面临严峻挑战。必须紧紧围绕"提升产业、打造品牌",调动各方力量,采取有效方式,推动我国核桃产业持续、快速、健康发展。

二 优良品种

我国核桃栽培历史悠久,面积大,分布广,在长期的栽培生产中形成了很多农家品种,品种多而杂。大部分核桃为实生繁殖,其后代分离广泛,果实良莠不齐,多数果壳较厚、出仁率低、取仁较难,产量、品质差异很大,缺乏市场竞争力,这也是我国核桃产量低、品质差和效益低的主要原因。

(一)选择品种的标准

良种是建园的基础,也是丰产、稳产的保证。因此,品种是核桃高效生产的关键。目前,通过国家和省级鉴定的核桃品种100余个,但不一定都适合当地种植。选择品种前应对当地的气候、土壤、降雨量等自然条件和待选核桃品种的生长习性等进行全面的调查研究。在选择品种时,应重点考虑以下几个方面:

1. 充分考虑品种的生态适应性

品种的生态适应性是指经过引种驯化栽培后,品种完全适应当地气候环境,园艺性状和经济特性等符合当地推广要求。因此,选择品种时一定要选择经过省级以上鉴定,且在本地引种试验中表现良好、适宜在本地推广的品种。

确定品种之前,应先看专家的引种报告,再实地考察当地品种示范园。根据不同品种的生长结果习性和当地的气温、日照、土壤与降水等自然因素,判断品种是否符合生态适应性要求,切勿盲目栽植。一般来讲,北方品种引种到南方能正常生长,南方品种引种到北方则需要慎重,必须经过严格的区域试验。

2.适地适品种选择主栽品种

选择主栽品种时,要充分考虑品种对土壤、肥力、管理水平、投资力度等条件的要求,选择符合生产经营目的的核桃良种。早实核桃结果早,丰产性强,嫁接后2～3年即可挂果,早期产量高,适于矮化密植。有的品种抗病性、抗逆性较差,适宜在肥水充足、管理较好的条件下栽培。有的品种适应性、抗逆性较强,可在山区丘陵、管理较差的条件下栽培。

3.注意雌雄花期一致的品种搭配

各地应根据不同品种的主要特性、当地的立地条件及管理水平,选择3～5个最适品种重点发展。每个园区品种不宜太多,以1～2个主栽品种为宜,目的是方便管理与降低生产成本。同时,要选择1～2个雌雄花期一致的授粉品种,按(8～10):1的比例,呈带状或交叉状栽植。

(二)早实核桃

1.香玲

山东省果树研究所以上宋6号与阿克苏9号为亲本杂

交育成的早实核桃品种,1989 年定名。

树势较强,树姿较直立,树冠呈半圆形,分枝力较强,一年生枝黄绿色,节间较短。混合芽近圆球形,大而离生,芽座小。侧生混合芽率 81.7%,嫁接后第 2 年形成混合花芽,雄花 3～4 年后出现。每个雌花序多着生 2 朵雌花,坐果率 60%左右。复叶长 38.88 厘米,复叶柄较细,小叶多 5～7 片,叶片较薄。坚果近圆形,基部平圆,果顶微尖。单果平均纵径 3.94 厘米,横径 3.29 厘米,侧径 3.74 厘米,质量为 12.4 克。壳面刻沟浅,光滑美观,浅黄色;缝合线窄而平,结合紧密,壳厚 0.8～1.1 毫米。内褶壁退化,横隔膜膜质,易取整仁。核仁充实饱满,出仁率 62%～64%,油脂含量 65.48%,蛋白质含量 21.63%。味香而不涩。

在山东泰安地区,3 月下旬萌动发芽,4 月 10 日左右为雄花期,4 月 20 日左右为雌花期。8 月下旬坚果成熟,11 月上旬落叶。适宜于土层肥沃的地区栽培。

目前,在我国北至辽宁,南至贵州、云南,西至西藏、新疆东部等大多数地区都有大面积栽培。早期产量提升快,盛果期产量较高,大小年不明显。

2. 秋香

山东省果树研究所以泰勒为母本杂交育成,2004 年定为优株,2015 年通过山东省林木品种审定委员会审定。

树姿直立,生长势强。树干灰白色,光滑,有浅纵裂。一年生新枝绿褐色,光滑,粗壮。混合芽近圆球形,小而分离,芽座小。侧花芽率75.0％以上,多双果和三果,坐果率85％以上。坚果圆形,单果平均质量13.5克,壳面光滑,缝合线平,结合紧密,壳厚1.1～1.2毫米,易取整仁,出仁率62.3％,油脂含量63.6％,蛋白质含量22.3％,综合品质优良。

萌芽晚,在山东泰安地区4月中上旬发芽,雌花期5月上旬,较香玲晚两周左右,可有效避开早春晚霜危害。果实9月上旬成熟,11月上旬落叶。

该品种避晚霜、抗病、丰产,果实青皮薄,雄花少,适宜在土层深厚的山地、丘陵和平原种植。

3. 鲁核1号

山东省果树研究所从早实核桃实生后代中选出,1996年定为优株,1997～2001年进行复选、决选,2002年定名。2012年通过国家林业局林木品种审定委员会审定。

树势强,生长快,树姿直立。枝条粗壮、光滑。新梢绿褐色,平均长23.3厘米,直径0.79厘米。混合芽尖圆,中大型,芽座小,贴生,二次枝上主、副芽分离,芽尖绿褐色。混合芽抽生的结果枝着生2～3朵雌花,雌花柱头绿黄色。雄花序长9厘米,复叶长43.2厘米,小叶5～9片,顶端小叶椭圆形,长17.1厘米,宽8.3厘米,叶片厚,浓绿色,叶缘全缘。坚果圆锥形,浅黄色,果顶尖,果基圆,壳面光滑,单果平均质量13.2克。坚果纵径4.18～4.31厘米,横径3.19～3.32厘米,侧径3.18～3.35厘米。缝合线稍凸,结合紧密,不易开裂,核壳有一定的强度,耐清洗、漂白及运输。壳厚1.1～1.3毫米,可取整仁。内褶壁膜质,纵隔不发达。内种皮浅黄色,核仁饱满,香而不涩,出仁率55.0%,油脂含量67.3%,蛋白质含量17.5%。

嫁接苗定植后第2年开花,第3年结果,高接树第2年见果。高接3年株产坚果3.1千克,十二年生母树株产15千克以上。幼龄树生长快,三年生树干直径年平均增长1.61厘米,树高年平均增长159厘米;高接树生长迅速,高接3年主枝干径平均增长量为2.31厘米,年平均长度生长量为130.84厘米;十年生母树高达950厘米,新梢长23.3厘米,粗0.79厘米,胸径年生长量1.35厘米。

在山东泰安地区,3月下旬发芽,4月初展叶,4月中旬雄花开放,雌花期4月下旬。8月下旬果实成熟,果实发育期123天左右。11月上旬落叶,植株营养生长期210天。

该品种速生、早实、优质、抗逆性强。坚果光滑美观,核仁饱满、色浅、味香不涩,坚果品质优良,是一个优良的果材兼用型核桃新品种。

4. 岱香

山东省果树研究所以辽宁1号与香玲为亲本杂交育成,2012年通过国家林业局林木品种审定委员会审定。

树姿开张,树冠圆头形。树势强健,树冠密集紧凑。新梢平均长14.67厘米,粗0.83厘米。平均节间长2.42厘米。分枝力强,为1∶4.3。侧花芽率95%,多双果和三果。

坚果圆形,浅黄色,果基圆,果顶微尖。壳面较光滑,缝合线紧密,稍凸,不易开裂。内褶壁膜质,纵隔不发达。坚果平均纵径 4.0 厘米,横径 3.6 厘米,侧径 3.18 厘米,壳厚 1.0 毫米。单果平均质量 13.9 克,出仁率 58.9%,易取整仁。内种皮颜色浅,核仁饱满,浅黄色,香味浓,无涩味,油脂含量 66.2%,蛋白质含量 20.7%,坚果综合品质优良。

嫁接苗定植后第 1 年开花,第 2 年开始结果,正常管理条件下坐果率为 70%,雄先型。在山东泰安地区,3 月下旬发芽,9 月上旬果实成熟,11 月上旬落叶,植株营养生长期 210 天左右。品种对比和区域试验表明,其适应性广,早实、丰产、优质。在土层深厚的平原地,树体生长快,产量高,坚果大,核仁饱满,香味浓,好果率在 95% 以上。

目前,在山东、山西、河南、河北、四川等地都有栽培,并且均表现出优良的丰产特性。

5. 岱辉

山东省果树研究所从早实核桃实生苗中选出,2004 年通过山东省林木品种审定委员会审定。

树姿开张,树冠密集紧凑,圆形。徒长枝多有棱状突起,新梢平均长 10.4 厘米,粗 1.01 厘米。结果母枝褐绿色,多年生枝灰白色。枝条粗壮,萌芽力、成枝力强,节间平均长为 2.43 厘米。分枝力强,为 1:3,强壮枝多,新梢尖削度 0.52。混合芽圆形,肥大饱满,二次枝有芽座,主、副芽分离,黄绿色,具有茸毛。嫁接苗定植后第 1 年开花,第 2

年开始结果,坐果率为 77%。侧花芽率 96.2%,多双果和三果。混合芽抽生的结果枝着生 2~4 朵雌花,雌花柱头黄绿色;雄花序长 8.5 厘米左右。复叶长 31.2 厘米,小叶数7~9 片,长椭圆形,小叶柄极短,顶生小叶具 3.2~4.8 厘米长的叶柄,且叶片较大,长 12.4 厘米,宽 6.1 厘米。坚果呈圆形,单果平均质量 13.5 克,壳面光滑,缝合线紧而平;壳厚1.0 毫米,可取整仁,核仁质量 7.9 克;核仁饱满,味香不涩,出仁率58.5%,油脂含量 65.3%,蛋白质含量 19.8%,品质优良。

在山东泰安地区,3 月中旬萌动,3 月下旬发芽,4 月 10日左右为雄花期,中旬雌花盛开。果实 9 月上旬成熟,11 月中下旬落叶。现在山东、河北、河南、山西等地区有栽培。

6. 岱丰

山东省果树研究所从早实核桃丰辉实生后代中选出,2012 年通过国家林业局林木品种审定委员会审定。

树势较强,树姿直立,树冠呈圆头形。枝条较粗壮,光滑,较密集,一年生枝绿褐色。混合芽饱满,芽座小,贴生,二次枝上主、副芽分离,叶尖绿褐色。侧生混合芽率 87%,坐果率70%,多双果和三果。坚果长椭圆形,基部圆,果顶微尖,单果质量 13~15 克。壳面较光滑,缝合线紧密,稍凸。壳厚 0.9~1.1 毫米,内褶壁膜质,纵隔不发达,出仁率 55%~60%,核仁饱满,易取整仁,核仁黄色,香味浓,无涩味,油脂含量 66.5%,蛋白质含量 18.5%,坚果综合品质上等。

在山东泰安地区 3 月下旬萌发,4 月上旬为雄花期,4 月下旬为雌花期,9 月上旬坚果成熟,11 月上旬落叶。在山东、河北、山西、北京等地都有栽培。

7. 丰辉

山东省果树研究所 1978 年杂交育成,亲本为早实核桃上宋 5 号与阿克苏 9 号,1989 年定名。

树姿直立,树势中庸,树冠圆锥形,分枝力较强。一年生枝绿褐色,二次梢细弱,髓心大。混合芽呈半圆形,有芽座。复叶长 38.5 厘米,复叶柄较细。嫁接后第 2 年开始形成混合花芽,侧生混合芽率 88.9%,4 年后形成雄花。每个雌花序着生 2~3 朵雌花,坐果率 70% 左右。坚果长椭圆形,果基圆,果顶尖,纵径 4.36 厘米,横径 3.13 厘米,单果平均质量 12.2 克,壳面刻沟较浅,较光滑,浅黄色。缝合线窄而平,结合紧密,壳厚 1.0 毫米左右。内褶壁退化,横隔膜膜质,易取整仁。核仁充实、饱满、美观,出仁率 57.7%,油脂含量 61.77%,蛋白质含量 22.9%,味香不涩。

在山东泰安地区 3 月下旬发芽,4 月中旬雄花期,4 月下旬雌花期。8 月下旬果实成熟,11 月中旬落叶。

产量较高,管理粗放条件下,大小年明显。不耐干旱和瘠薄,适合土层深厚的土壤栽培,主要栽培于山东、河北、山西、陕西、河南等地区。

8. 鲁光

山东省果树研究所以新疆卡卡孜与上宋 6 号为亲本杂

交育成的早实核桃品种,1989年定名。

树势中庸,树姿开张,树冠呈半圆形。嫁接后第2年开始形成混合芽,侧生混合芽率80.8%,分枝力较强,以长果枝结果为主,坐果率65%左右。坚果长圆形,果基圆,果顶微尖,单果平均质量15~17克。壳面光滑,缝合线窄而平,结合紧密,外形美观。壳厚0.8~1.0毫米,内褶壁退化,横隔膜膜质,核仁充实饱满,易取整仁,出仁率59%左右,油脂含量66.38%,蛋白质含量19.9%,味香不涩。

在山东泰安地区4月10日左右为雄花期,4月18日左右为雌花期。8月下旬坚果成熟,10月下旬落叶。

该品种不耐干旱,早期生长势较强,产量中等,盛果期产量较高。适宜在土层深厚的山地、丘陵地区栽培种植。

9. 鲁香

山东省果树研究所1978年杂交育成,1985年选出,1989年定为优系。

树姿较开张,树冠呈纺锤形,树势中庸,分枝力中等,一年生枝细长,髓心小。混合芽圆形,较小。侧生混合芽率86%,复叶长33.17厘米,小叶呈椭圆形。每个雌花序多着生2朵雌花,雄花较少,坐果率82%。果柄较细,长3.6厘米,青果皮黄绿色,有黄色短茸毛。坚果倒卵形,果顶尖圆,果基平圆,纵径3.97~4.35厘米,横径2.97~3.25厘米,侧径3.16~3.67厘米,单果平均质量11.3~13.2克。壳面壳沟浅密,较光滑,淡黄色;壳厚0.9~1.1毫米,缝合线窄而平,结合紧密,不易开裂,内褶壁退化,横隔膜膜质,可取整仁。核仁充实,饱满,色浅。核仁平均质量7.7～8.6克,出仁率65％～67％,油脂含量64.58％,蛋白质含量22.93％,有奶油香味,无涩味。

在山东泰安地区3月下旬发芽,4月15日左右雄花盛期,雌花盛期4月22日左右,雄先型。坚果8月下旬成熟,抗病性强。

10. 鲁丰

山东省果树研究所杂交育成,亲本为早实核桃上宋5号与阿克苏9号,1985年选出,1989年定为优系。

树姿直立,树冠呈半圆形,树势中庸,分枝力较强,一年生枝呈绿褐色,具光泽,髓心小。混合芽圆形,饱满,侧生混合芽率86.0％,复叶长44.87厘米,小叶呈倒卵形。每个雌花序多着生2朵雌花,雄花数量极少,坐果率80.0％。果柄粗,长3.5厘米,青果皮绿色,茸毛稀。坚果椭圆形,纵径3.31～3.76厘米,横径3.03～3.28厘米,侧径3.15～3.61厘米,单果平均质量10.0～12.5克。壳面多浅沟,不光滑,缝合线窄,稍隆起,结合紧密,壳厚1.0～1.2毫米,内褶壁退化,横隔膜膜质,可取整仁。核仁充实,饱满,色浅,核仁平均质量6.3～7.2克,出仁率58％～62％,味香甜,无涩味。

在山东泰安地区,3月下旬发芽,雌花盛期4月8日左右,雄花4月15日左右,雌先型。坚果8月下旬成熟,11月下旬落叶,抗病性中等。

该品种坚果品质优良,丰产性强,雄花少,嫁接成活率高,适宜在土层深厚的立地条件下栽培。已在山东、山西等地区栽植。

11. 硕香

山东省果树研究所从早实核桃实生后代中选出,2015年通过山东省林木品种审定委员会审定。

树势中庸,树姿较开张。分枝力强,树冠呈半圆形。坐果率80%左右,侧生混合芽率75%以上,多双果和三果。坚果椭圆形,果基平圆,果顶平圆,果肩微凸。单果平均质量12～14克。壳面刻沟浅,较光滑,缝合线平,结合紧密。壳厚1.1～1.3毫米,内褶壁退化,横隔膜膜质。核仁充实饱满,可取整仁,出仁率55%～59%,油脂含量65.6%,蛋白质含量21.0%,综合品质优良。

在山东泰安地区3月下旬萌发,4月中旬为雄花期,4月下旬为雌花期,雄先型。8月下旬坚果成熟,11月上旬落叶。

12. 鲁果2号

山东省果树研究所从早实核桃实生后代中选出,2012年通过国家林业局林木品种审定委员会审定。

树姿较直立,树冠圆锥形。当年生新梢浅褐色,粗壮,平均长25.3厘米,粗1.46厘米,结果枝平均长度13.8厘米,果枝率66.7%。复叶长44.5厘米,小叶7～9片,顶叶椭圆形,大型,长20厘米,宽12厘米。嫁接苗定植后第2

年开花,第3年结果。混合芽圆,中大型,芽座小,贴生,多着生2～3朵雌花,雄花序长9厘米。母枝分枝力强,坐果率68.7%,侧花芽率73.6%,多双果和三果。坚果柱形,顶部圆形,基部一边微隆一边平圆,壳面淡黄色较光滑,有浅纵纹,坚果平均纵径4.25～4.52厘米,横径3.21～3.58厘米,侧径3.85～4.13厘米,单果平均质量14～16克,缝合线紧而平直,壳厚0.8～1.0毫米,内褶壁退化,横隔膜膜质,易取整仁,出仁率56%～60%。核仁饱满,色浅味香,油脂含量71.36%,蛋白质含量22.3%。

在山东泰安地区3月下旬发芽,4月初展叶,4月上旬雄花开放,10日左右为雄花盛期,4月中旬雌花开放,雄先型。8月下旬果实成熟,果实发育期125天左右。

现在山东、河南、河北、湖北等地区有一定栽培面积。

13. 鲁果3号

山东省果树研究所从早实核桃实生后代中选出,2007年通过山东省林木品种审定委员会审定。

树势较强,树姿开张,树冠呈圆头形。一年生枝深绿色,粗壮,有短绒毛,果枝率90%以上,结果枝平均长度4.2厘米,多中果枝。混合芽饱满,芽座小,侧花芽率87%,复叶长35厘米,小叶7～9片,顶端小叶椭圆形,长17.1厘米,宽9.5厘米,叶片大而厚,浓绿色,有短绒毛,单位叶面积质量21.1克/平方厘米,叶绿素含量3.14毫克/平方厘米。坚果近圆形,浅黄色,果基圆,果顶平圆。纵径3.53～

4.11 厘米,横径 3.15～3.58 厘米,侧径 3.0～3.27 厘米,单果平均质量 11.0～12.8 克,壳面较光滑,缝合线边缘有麻壳,线紧密、稍凸、不易开裂,壳厚 0.9～1.1 毫米。内褶壁膜质,纵隔不发达,易取整仁,核仁平均质量 7.2～8.5 克,出仁率 58%～65%。内种皮浅,核仁饱满,浅黄色,香味浓,无涩味,油脂含量 71.8%,蛋白质含量 21.38%。

嫁接苗定植后,第 1 年开花,抽生的结果枝着生 2～4 朵雌花。雄花序长 9 厘米,第 2 年开始结果,坐果率为 70%。十年生大树结果 1 014 个,平均每平方米冠幅投影面积结果 50.7 个,平均每平方米冠幅投影面积产核仁 0.373 2 千克。

在山东泰安地区 3 月下旬发芽,4 月初展叶,4 月中旬雌花开放,4 月下旬为雄花期,雌先型。9 月上旬果实成熟,11 月上旬落叶。

该品种为雄先型核桃品种的授粉树,丰产稳产性强,坚果外观不端正,核仁色浅,味香不涩。

现在山东、河北、河南、山西等地区有一定栽培面积。

14. 鲁果 4 号

山东省果树研究所实生选出的大果型核桃品种,2007 年通过山东省林木品种审定委员会审定。

树姿较直立,树冠长圆头形。当年生新梢平均长 63 厘米,粗 1.65 厘米,枝皮率 87.3%。一年生枝浅绿色,无毛,具光泽,髓心小。混合芽圆形,饱满。二次枝有芽座,主、副芽分离,复叶长 45 厘米,复叶有小叶 7～9 片,顶生小叶具 3.5～5.0 厘米长的叶柄,且叶片较大,长 20 厘米,宽 12 厘米。叶片表面光滑,深绿色,单位叶面积质量 20.01 毫克/平方厘米,叶绿素含量 3.08 克/平方厘米。嫁接苗定植后,第 1 年开花,混合芽抽生的结果枝长度为 6.8 厘米,着生 2～4 朵雌花,雄花芽圆柱形,雄花序长 9 厘米左右。第 2 年开始结果,正常管理条件下坐果率为 70％。侧花芽比率 85％,多双果和三果,果柄短,长 1.6 厘米。坚果长圆形,果顶、果基均平圆,壳面较光滑,纵径 4.75～5.73 厘米,横径 3.68～4.21 厘米,侧径 3.51～3.83 厘米,坚果平均质量 16.5～23.2 克,缝合线紧,稍凸,不易开裂。壳厚 1.0～1.2 毫米,可取整仁,出仁率 52％～56％。内褶壁膜质,纵隔不发达。内种皮颜色浅,核仁饱满,色浅味香。油脂含量 63.91％,蛋白质含量 21.96％,坚果综合品质上等。

在山东泰安地区 3 月下旬发芽,4 月初枝条开始生长,4 月中旬雄花开放,4 月下旬为雌花期,雄先型。9 月上旬果实成熟,11 月上旬落叶。

山东、河北、河南、北京等地区有一定栽培面积。

15. 鲁果 5 号

山东省果树研究所实生选出的大果型核桃品种,2007 年通过山东省林木品种审定委员会审定。

树姿开张,树势稳健,树冠圆头形。一年生枝墨绿色,有短而密的柔毛,具光泽,髓心小。徒长枝多有棱状突起,新梢平均长 70 厘米,粗 1.01 厘米。结果母枝抽生的果枝多,果枝率高达 92.3%。混合芽大而饱满,圆形。复叶长 35 厘米,小叶 7～9 片,小叶柄极短,顶生小叶具 3.2～4.8 厘米长的叶柄,且叶片较大,长 16.4 厘米,宽 10 厘米。嫁接苗定植后,第 1 年开花,抽生的结果枝着生 2～4 朵雌花,雄花序长 8.5 厘米左右。第 2 年开始结果,坐果率为 87%。侧花芽率 96.2%,多双果和三果。坚果长卵圆形,果顶尖圆,果基平圆,壳面较光滑,纵径 4.77～5.34 厘米,横径 3.53～3.84 厘米,侧径 3.63～4.3 厘米,单果质量 16.7～23.5 克。缝合线紧平,壳厚 0.9～1.1 毫米,内褶壁退化,横隔膜膜质,可取整仁,出仁率 55.36%。核仁饱满,色浅味香,油脂含量 59.67%,蛋白质含量 22.85%,坚果综合品质上等。

在山东泰安地区 3 月下旬发芽,4 月初枝条开始生长,4 月中旬雄花开放,4 月下旬为雌花期,雄先型。9 月上旬果实成熟,11 月上旬落叶。雌花期与鲁丰等雌先型品种的雄花期基本一致,可作为授粉品种。

在山东、山西、河北、河南、四川等地区有栽培。

16. 鲁果 6 号

山东省果树研究所从早实核桃实生后代中选出的核桃品种,2009 年通过山东省林木品种审定委员会审定。

树姿较开张,树势中庸,树冠呈圆形,分枝力较强。一年生枝黄绿色,节间较短。混合芽近圆球形,大而离生,芽座小,侧生混合芽率61.7%,嫁接苗第2年形成混合芽,雄花3～4年后出现。每个雌花序多着生2朵雌花,坐果率60.0%。小叶5～7片,叶片较薄。坚果长圆形,果基尖圆,果顶圆、微尖,单果平均质量14.4克。壳面刻沟浅,光滑美观,缝合线窄而平,结合紧密。壳厚1.2毫米,内褶壁退化,横隔膜膜质,核仁充实饱满,易取整仁,出仁率55.36%。

在山东泰安地区3月下旬萌发,4月7日左右为雌花期,4月13日左右雄花开放,雌先型。8月下旬坚果成熟,11月上旬落叶。

适宜于土层肥沃的地区栽培,目前在山东泰安、济南、临沂等地区都有小面积栽培。

17. 鲁果7号

山东省果树研究所以香玲与华北晚实核桃优株为亲本杂交育成的早实核桃品种,2009年通过山东省林木品种审定委员会审定。

树势较强,树姿较直立,树冠呈半圆形。一年生枝深绿色,粗壮,分枝力较强。侧生混合芽率84.7%,坐果率70.0%。坚果圆形,果基、果顶均圆,单果平均质量13.2克。壳面较光滑,缝合线平、结合紧密,不易开裂。壳厚0.9～1.1毫米,内褶壁膜质,纵隔不发达,核仁饱满,易取整仁,出仁率56.9%,油脂含量65.7%,蛋白质含量20.8%。

在山东泰安地区3月下旬萌发,4月中旬雄花、雌花均开放,雌雄花期极为相近,但为雄先型。9月上旬坚果成熟,

11月上旬落叶。

该品种与香玲坚果外观相似，端正美观，抗细菌性黑斑病较好。

18. 鲁果 8 号

山东省果树研究所从岱香实生后代中选出，2009年通过山东省林木品种审定委员会审定。

树姿较直立，树冠长圆形。一年生枝浅绿色，无毛，具光泽，髓心小。混合芽圆形且饱满，二次枝上有芽座，主、副芽分离，黄绿色。顶芽三角形，侧芽圆形、肥大。侧生混合芽率 80.0%，坐果率 70.0%，多双果。坚果近圆形，单果平均质量 12.6 克。壳面较光滑，缝合线紧密，窄而稍凸，不易开裂。壳厚 1.0 毫米，内褶壁膜质，纵隔不发达，核仁饱满，可取整仁，出仁率 55.1%，油脂含量 66.1%，蛋白质含量 20.8%。

在山东泰安地区 3 月底萌发，4 月中旬雄花开放，4 月下旬雌花开放，雄先型。9 月上旬坚果成熟，11 月上旬落叶。

该品种发芽较晚，抗晚霜危害，适宜高海拔地区栽植。

19. 鲁果 9 号

山东省果树研究所从早实核桃实生后代中选出，2012年通过山东省林木品种审定委员会审定。

树体高大，树势中庸，树姿开张，树冠呈半圆形。一年生新梢绿褐色且光滑，粗壮，绒毛短而密。顶叶长椭圆形，浓绿色,叶表面有稀疏柔毛,背面有腺毛,叶缘全缘。小叶长椭圆形,具短柄,尖端渐尖,基部扁圆形,复叶长35～42厘米,小叶5～7片,复叶柄圆形,长8～10厘米,基部肥大,脱落后叶痕大,呈三角形。混合芽圆形,中大。混合芽抽生的结果枝长度6～15厘米,多着生2～3朵雌花。雌花柱头绿黄色、顶芽肥大,锥形,侧芽小而圆。雄花为裸芽,圆柱形,呈鳞片状,雄花序长9厘米;雌花序侧生,2个以上簇生果多。侧生混合芽率85.2%,坐果率70.0%,多双果。坚果锥形,果顶尖圆,果基圆,壳面光滑,缝合线紧、平。单果平均质量13.0克,壳厚1.1毫米,易取整仁。核仁饱满,浅黄色,味香不涩,出仁率55.5%,油脂含量65.8%,蛋白质含量22.7%,综合品质优良。

在山东泰安3月下旬发芽,4月初展叶,4月中上旬雄花开放,4月中下旬雌花开放,雄先型。8月下旬果实成熟,11月上旬落叶。

该品种坚果整齐,易漂洗,耐储运,丰产稳产。

20. 鲁果 10 号

山东省果树研究所从早实核桃实生后代中选出,2012年通过山东省林木品种审定委员会审定。

树体中等,树姿开张,树势稳健。树干灰白色,光滑,有浅纵裂。一年生新枝绿褐色且光滑,粗壮,绒毛短而密。顶叶长椭圆形,大型,浓绿色,长20厘米、宽10厘米,叶片厚,叶表面有稀疏的柔毛,背面有腺毛,叶缘全缘。小叶长椭圆形,深绿色,具短柄,尖端渐尖,基部扁圆形,复叶长 40 厘米,小叶 5～7 片。混合芽圆形,较大,芽座小,贴生。二次枝上主、副芽分离,芽尖绿褐色。混合芽抽生的结果枝长度 6～10 厘米,多着生 2～3 朵雌花。雌花柱头绿黄色,顶芽肥大,阔三角形,侧芽小而圆。雄花为裸芽,圆柱形,呈鳞片状,雄花序长 9 厘米,雌花序侧生。侧生混合芽率 79.6%,坐果率 70.7%,多双果和三果。坚果圆形,单果平均质量 11.0 克,壳面光滑,缝合线紧、平。壳厚 0.8 毫米,易取整仁。核仁饱满,浅黄色,味香,出仁率 65.2%,油脂含量 62.2%,蛋白质含量 19.2%,品质优良。

在山东泰安 3 月下旬发芽,4 月中上旬雄花开放,中下旬雌花开放,雄先型。8 月下旬果实成熟,11 月上旬落叶。

21. 鲁果 11 号

山东省果树研究所从早实核桃实生后代中选出,2012 年通过山东省林木品种审定委员会审定。

树势强健,树姿直立,树冠呈圆球形。一年生新梢绿色且光滑,粗壮,绒毛短而密。顶叶椭圆形,大型,深绿色,叶片厚,叶表面有稀疏的柔毛,背面有腺毛,叶缘全缘。小叶长椭圆形,深绿色,具短柄,尖端渐尖,基部扁圆形,复叶长 40 厘米,小叶 5～7 片。混合芽圆形且较大,芽尖绿褐色。混合芽抽生的结果枝长度 5～9 厘米,多着生 2～3 朵雌花,雌花柱头绿黄色。顶芽肥大,阔三角形,侧芽小而圆。侧生混合芽率 81.6%,坐果率 72.7%,多双果和三果。坚果长椭圆形,单果平均质量 17.2 克,壳面光滑,缝合线紧、平。壳厚1.3毫米,易取整仁。核仁饱满,浅黄色,味香,出仁率52.9%,油脂含量67.4%,蛋白质含量18.1%,品质优良。

在山东泰安3月下旬发芽,4月中上旬雄花开放,中下旬雌花开放,雄先型。8月下旬果实成熟,11月上旬落叶。

该品种为大果型,适宜带壳销售。

22. 鲁果 12 号

山东省果树研究所从早实核桃实生后代中选出,2012年通过山东省林木品种审定委员会审定。

树势健壮,树姿开张,树冠呈圆球形。一年生新枝绿色且光滑,粗壮,绒毛短而密。顶叶长椭圆形,大型,浓绿色,叶表面有稀疏的柔毛,背面有腺毛,叶缘全缘。小叶长椭圆形,深绿色,具短柄,尖端渐尖,基部扁圆形。复叶长40厘米,小叶5~7片,复叶柄圆形,长10厘米,基部肥大,脱落后叶痕大,呈三角形。混合芽圆形,较大,芽座小,贴生,二次枝上主、副芽分离,芽尖绿褐色。混合芽抽生的结果枝长7~12厘米,多着生2~3朵雌花,雌花柱头绿黄色、顶芽肥大,阔三角形,侧芽小而圆。坐果率66.7%,侧花芽率71.6%,多双果。坚果圆形,单果平均质量12.0克,壳面较光滑,缝合线紧、平。壳厚0.8毫米,易取整仁。核仁饱满,浅黄色,味香,出仁率69.0%,油脂含量61.7%,蛋白质含量21.6%,品质优良。

在山东泰安3月下旬发芽,4月中上旬雌花开放,4月中下旬雄花开放,雌先型。8月底果实成熟,11月上旬落叶。早实、丰产、抗寒性强。

23. 薄丰

河南林业科学研究院1989年育成,从河南嵩县山城新疆核桃实生园中选出。

树势强,树姿开张,分枝力较强。一年生枝呈灰绿或黄绿色,节间较长,以中、短果枝结果为主,常有二次梢。侧花芽率90％以上。每个雌花序着生2～4朵雌花,多为双果,坐果率64％左右。坚果卵圆形,果基圆,果顶尖,单果质量12～14克。壳面光滑,缝合线窄而平,结合紧密,外形美观。壳厚0.9～1.1毫米,内褶壁退化,横隔膜膜质,核仁充实饱满,浅黄色,可取整仁,出仁率55％～58％。

在河南3月下旬萌发,4月上旬雄花散粉,4月中旬为雌花盛花期,雄先型。9月初坚果成熟,10月中旬开始落叶。

该品种适应性强,耐旱,丰产,坚果外形美观,商品性好,品质优良,适宜在华北、西北丘陵山区发展。

24. 绿波

河南林业科学研究院1989年育成,从新疆核桃实生后代中选出。

树势强,树姿开张,分枝力中等。一年生枝呈褐绿色,节间较短,短果枝结果为主。侧花芽率80％,每个雌花序着生2～5朵雌花,坐果率69％左右,多为双果。坚果卵圆

形,果基圆,果顶尖,单果质量 11.0～13.0 克。壳面较光
滑,缝合线较窄而凸,结合紧密。壳厚 0.9～1.1 毫米,内褶
壁退化,核仁充实饱满,浅黄色,出仁率 54%～59%。

在河南 3 月下旬萌发,4 月中上旬为雌花盛花期,4 月
中下旬雄花开始散粉,雌先型。8 月底坚果成熟,10 月中旬
开始落叶。

25. 绿岭

河北农业大学和河北绿岭果业有限公司从香玲核桃中
选出的芽变种。1995 年选出,2005 年通过河北省林木品种
审定委员会审定。

树势强,树姿开张。以中短枝结果为主,侧花芽率
83.2%。坚果卵圆形,浅黄色,单果平均质量 12.8 克,壳面
光滑美观,缝合线平滑而不突出,结合紧密。壳厚 0.8 毫
米,核仁饱满,颜色浅黄,内种皮淡黄色,无涩味,浓香,出仁
率 67%左右,油脂含量 67.0%,蛋白质含量 22.0%。

在河北临城 3 月下旬萌动,雄先型。9 月初果实成熟,
比香玲晚 3～5 天,11 月上旬落叶。

26. 辽宁 1 号

辽宁省经济林研究所 1980 年育成,用河北昌黎大薄皮
10103 优株与新疆纸皮 11001 优株杂交。

树势强,树姿直立或半开张,分枝力强,枝条粗壮密集。
一年生枝常呈灰绿色,果枝短,属短枝型。顶芽呈阔三角形
或圆形,侧花芽率 90%,坐果率 60% 左右,多双果。坚果圆

形,果基平或圆,果顶略呈肩形,单果平均质量 10.0 克左右。壳面较光滑,缝合线微隆起,结合紧密。壳厚 0.9 毫米左右,内褶壁退化,核仁充实饱满,黄白色,出仁率 59.6%。

在辽宁省大连地区 4 月中旬萌动,5 月上旬雄花散粉,5 月中旬为雌花盛花期,雄先型。9 月下旬坚果成熟,11 月上旬落叶。

该品种较耐寒、耐旱,适应性强,丰产,坚果品质优良,适宜在我国北方地区发展。

27. 寒丰

辽宁省经济林研究所 1992 年育成,由新纸皮与日本心形核桃杂交。

树势强,树势直立或半开张,分枝力强。一年生枝绿褐色,枝条较密集,节间较长,以中短果枝为主,属中短枝型。混合芽圆形或阔三角形,侧花芽率 92%。每个雌花序着生 2～3 朵雌花,坐果率 62% 左右,多双果。坚果长阔圆形,果基圆,果顶略尖。坚果较大,单果平均质量 14.4 克。壳面光滑,色浅,缝合线窄而平或微隆起。壳厚 1.2 毫米左右,内褶壁膜质或退化,核仁充实饱满,黄白色,可取整仁或半仁,出仁率 54.5%。

在辽宁大连地区 4 月中旬萌动,5 月中旬雄花散粉,5 月下旬为雌花盛花期,雄先型。雌花盛花期最晚可延迟到 5 月末,比一般雄先型品种晚 20～25 天。9 月中旬坚果成熟,11 月上旬落叶。

28. 中林 3 号

中国林业科学研究院林业研究所育成,以涧 9 - 9 - 15 与汾阳穗状核桃为亲本杂交,1989 年定名。

树势较旺,树姿半开张,分枝力较强,侧花芽率 50% 以上。幼树 2～3 年开始结果。枝条成熟后呈褐色,粗壮。坚果椭圆形,横径 3.42 厘米,侧径 3.4 厘米,纵径 4.15 厘米,单果平均质量 11.0 克。壳中色,较光滑,缝合线窄而凸起,结合紧密。壳厚 1.2 毫米,内褶壁退化,横隔膜膜质,核仁饱满,色浅,可取整仁,出仁率 60%。

在北京地区 4 月下旬雌花开放,5 月初雄花散粉,雌先型。9 月初坚果成熟,10 月末落叶。

该品种适应性较强,较易嫁接繁殖,核仁品质上等,适宜北京、河南、山西、陕西等地区栽培。

29. 中林 5 号

中国林业科学研究院林业研究所育成,以涧 9 - 11 - 12 与涧 9 - 11 - 15 为亲本杂交,1989 年定名。

树势中庸,树姿较开张,树冠长椭圆至圆头形。分枝力较强,枝条节间短而粗,短果枝结果为主。侧花芽率 98%,每个花序着生 2 朵雌花,多双果。坚果圆形,果基、果顶均平,单果平均质量 13.3 克。壳面较光滑,色浅,缝合线窄而平,结合紧密。壳厚 1.0 毫米,内褶壁膜质,横隔膜膜质,核仁充实饱满,可取整仁,出仁率 58%。

在北京地区 4 月下旬为雌花盛花期,5 月初雄花散粉,雌先型。8月下旬坚果成熟,10月下旬或 11 月初落叶。

该品种不需漂白,宜带壳销售。适宜华北、中南、西南年均温 10 ℃左右的地区栽培,宜进行密植栽培。

30. 中林 6 号

中国林业科学研究院林业研究所杂交育成,1989 年定名,现已在河南、陕西和山西等地区大面积栽培。

树势较旺,树姿较开张,分枝力强。侧生混合芽率95%以上,每个果枝平均坐果 1.2 个。较丰产,六年生树株产坚果 4 千克。坚果长圆形,单果平均质量 13.8 克,壳面光滑,缝合线中等宽度,平滑且结合紧密,壳厚 1.0 毫米,内褶壁退化,横隔膜膜质,易取整仁,出仁率 54.3%。核仁充实饱满,乳黄色,风味佳。

该品种生长势较旺,分枝力强,抗病性较强,单果多,产量中上等。坚果品质极佳,宜带壳销售,适宜在华北、中南及西南部分地区栽培。

31. 陕核 1 号

陕西省果树研究所从扶风隔年核桃的实生后代中选育而成,1989 年通过林业部(现国家林业局)鉴定。

树势较旺,树姿较开张,分枝力较强,中短果枝结果为主。侧生混合芽结果率47%,每个果枝平均坐果 1.4 个。坚果近卵圆形,果基、果顶均为圆形,单果平均质量 11.7～12.6 克。壳面麻点稀而少,壳厚 1.0 毫米左右,核仁饱满,可取整仁或半仁,出仁率 61.84%。

在陕西省关中地区 4 月上旬发芽,4 月下旬为雌花盛花期,5 月上旬雄花散粉,雌先型。9 月上旬坚果成熟,10 月中旬开始落叶。

该品种适应性较强,抗寒、抗旱、抗病力强,适宜土壤条件较好的丘陵、川塬地区栽培。

32. 陕核 5 号

陕西省果树研究所从新疆早实核桃实生树中选出,曾在陕西陇县、眉县和商洛等地栽植,现已在河南、山西、北京、辽宁和山东等地区栽植。

树势较旺盛,树姿半开张,枝条长而细,分布较稀,分枝力强,侧芽形成混合花芽的比例为 100%,平均每个果枝坐果 1.3 个。雌先型,在陕西 4 月上旬发芽,4 月下旬雌花盛开,雄花散粉始于 5 月上旬。9 月上旬坚果成熟,9 月下旬开始落叶。坚果中等偏大,长圆形。坚果平均质量 10.7 克。壳薄,有时露仁,取仁极易,可取整仁。核仁平均质量 5.9 克,出仁率 55%。仁色浅,风味香甜,油脂含量为 69.07%。

该品种树体生长快,坚果品质优良,但早期丰产性较差,核仁常不充实。适宜在肥水条件较好的条件下栽植,可与农作物间种。

33. 元林

山东省林业科学研究院和泰安市绿园经济林果树研究所选育,是以元丰与强特勒为亲本选育的新品种。

树姿直立或半开张,生长势强,树冠呈自然半圆形,枝条平均长度为 23.76 厘米,平均粗度为 0.86 厘米,平均节间长度为 3.64 厘米。多年生枝条呈红褐色,枝条皮目稀少,无茸毛,坐果率 60%～70%。混合芽圆形,侧生混合芽率为 85%左右。坚果长圆形,单果平均质量 16.84 克,核仁饱满,出仁率 55.42%,味香微涩,油脂含量 63.6%,蛋白质含量 18.25%。

该品种萌芽晚,抗晚霜危害,在山东泰安地区萌芽期为 4 月初,新梢生长期为 4 月中旬。与同一地块的香玲核桃相比较,萌芽期晚 5～7 天,可避开晚霜危害。在土层深厚、土质肥沃的立地条件下栽培表现更好。

34. 新早丰

新疆维吾尔自治区林业科学院从阿克苏市温宿县早丰薄壳核桃实生群体中选出,1989 年定名。主要在新疆阿克苏市、喀什市和和田市等地栽培,现已在河南、陕西和辽宁等地栽培。

树势中等,树姿开张,树冠圆头形,发枝力极强,侧生混合芽率 95%以上,每个果枝上平均坐果 2 个,一年生枝条粗壮。雄先型,中熟品种。嫁接苗第 2 年开始结果。该品种树势中庸,短果枝占 43.8%,中果枝占 55.6%,长果枝占 0.6%。坚果椭圆形,果基圆,单果平均质量 13 克。壳面光滑,缝合线平,结合紧密,壳厚 1.2 毫米,可取整仁,出仁率 51.0%。核仁色浅,味香。

该品种发枝力强,坚果品质优良,早期丰产性好,较耐干旱、抗寒、抗病性较强,适宜在肥水条件较好的地区栽培。

35. 中核短枝

中国农业科学院郑州果树研究所从早实核桃实生后代中选出,2012年通过河南省林木品种审定委员会审定。

树冠长椭圆形至圆头形,枝条节间短而粗。一年生枝条绿色,树干灰褐色,皮目小且稀,平均每个母枝抽生结果枝数2.1个。结果母枝平均长度7.72厘米、粗度0.787厘米,结果枝长6.85厘米、粗0.64厘米,节间长1.31厘米,每个果枝平均坐果1.86个,单枝结果以双果和三果为主。先端叶片较大,长卵圆形,颜色浓绿,小叶数7~9片,长椭圆形。雌先型,雄花花量中等。坚果近圆柱形,较大,果壳较光滑,浅褐色,缝合线较窄而平,结合紧密。果基和果顶较平,单果平均质量15.1克,壳厚0.9毫米,内褶壁膜质,横隔膜膜质,易取整仁。出仁率65.8%,核仁充实饱满,乳黄色,无斑点,香而不涩,品质上等。

在河南郑州地区3月下旬萌芽,4月中旬为雌花盛期,4月下旬为雄花盛期,9月初果实成熟,比香玲晚熟8天左右,10月下旬开始落叶。

该品种适应性强,对黑斑病和炭疽病均有较强的抗性。在河南郑州、洛阳和焦作等地区生长结果情况均表现优良。该品种抗寒、抗旱、抗病、耐瘠薄。

36. 金薄香3号

山西省农业科学院果树研究所从新疆优良薄壳核桃实

生后代中选出,2007年12月通过山西省林木品种审定委员会审定。

树冠圆头形,树姿较开张。结果树20年生树树皮灰白色,枝条光滑,有光泽,枝条皮孔小,灰白色,较稀。新梢墨绿色,停长后变为鲜灰色。羽状复叶,叶片广卵圆形,浓绿色。雄花序长7.75厘米,雌花单生或2～3个簇生。坚果圆形,纵径4.31厘米、横径3.70厘米、侧径3.65厘米。单果平均质量11.2克。壳面光滑、色浅,缝合线突起明显,结合紧密,中部两侧有耳形凹陷。壳厚1.2毫米,横隔膜膜质,核仁充实饱满,出仁率56.20%,内果皮淡黄色,果仁乳白色,香味浓,品质上等。

在山西省中部4月初萌芽,4月中下旬为雄花盛期,4月底至5月上旬为雌花盛期,雄先型。9月上中旬果实成熟,11月初落叶。

37.金薄香4号

山西省农业科学院果树研究所从新疆优良薄壳核桃实生后代中选出,2007年12月通过山西省林木品种审定委员会审定。

树冠圆头形,干性较强,层性明显,结果树树姿较开张。多年生枝灰白色,枝条光滑,有光泽。皮孔小,灰白色,较稀。一年生枝浅绿色,皮孔小,椭圆形,灰白色。新梢停长后变为鲜绿色。奇数羽状复叶,叶片广卵圆形,浓绿色。每片复叶着生5～9片叶片,叶柄长4.92厘米,叶缘无锯齿。

单性花,雌雄同株,雄花序长 8.3 厘米,雌花单生或 2～3 个簇生。坚果圆形,纵径 4.75 厘米、横径 3.63 厘米、侧径 3.77 厘米。单果平均质量 13.9 克,壳面光滑,色浅,有纵向斑块浅纹,缝合线稍微突起而浅平,较紧密。壳厚 1.2 毫米,内褶壁退化,横隔膜膜质。核仁充实饱满,出仁率 58.6%,内果皮棕红色,果仁乳白色,肉质细、脆,香味浓,风味甜,品质上等。

在山西省晋中地区 4 月初萌芽,4 月中旬雄花开放,雄先型。9 月上旬成熟,10 月底至 11 月初落叶。

38. 早薄丰 1 号

山西省农业科学院果树研究所从金薄香 8 号的实生后代中选出,2016 年 1 月通过山西省林木品种审定委员会审定。

树势中庸,树姿半开张,层性明显。多年生枝条为褐色,一年生枝条绿色,新梢停止生长后呈灰色,枝条光滑,有光泽。皮目小而较密,无茸毛。奇数羽状复叶,叶片广卵圆形,浓绿色,叶脉淡绿色,每片复叶大多着生 5～9 片小叶,叶缘无锯齿,复叶柄平均长度 8.3 厘米。混合芽与副芽位置贴近,雄花芽较多,柱头黄绿色,单性花,雌雄同株。坚果长卵圆形,纵径 4.23 厘米,横径 3.45 厘米,侧径 3.40 厘米。单果平均质量 12.2 克,缝合线明显,壳厚 0.9 毫米,果仁淡黄色,果仁饱满,出仁率 56.28%,质地致密,果肉乳白色,肉质细腻,香味浓,品质佳。

在山西省太谷县 4 月上旬萌芽,4 月上中旬展叶,4 月中旬为雌花盛期,4月下旬为雄花盛期,雌先型。9月上旬果实成熟,10月底11月初落叶。

39. 早硕

河北省林业科学研究院从新疆核桃与卢龙当地"石门核桃"的自然杂交后代中选出,2014年12月通过河北省林木品种委员会审定。

树势中庸,树姿较开张,萌芽率高,成枝力较强,一年生枝条红褐色,皮孔圆、小、较稀。芽圆形,芽顶尖。小叶7~9片,椭圆形。雄花数量较少,柱头黄色,雌先型。进入结果期早,高接树第2年结果株率达到80%。丰产性好,成龄树平均结果枝率64.3%,侧芽结果率82.2%。坚果圆形,果顶微尖,纵径4.33厘米,横径4.42厘米,侧径4.11厘米,缝合线平,结合较紧密,壳面较光滑,褐白色。单果平均质量16.65克,壳厚1.25毫米,内褶壁退化,横隔膜膜质,易取整仁,出仁率56.5%。核仁丰满,淡黄色,油脂含量66.8%,蛋白质含量18.4%。

在河北省卢龙县4月上旬萌芽,4月底5月初雄花开放,雌花期在4月下旬,雌先型。果实8月下旬至9月初成熟,11月初落叶。

该品种早实性、丰产性好,抗病、抗寒能力较强,适合河北省太行山、燕山浅山丘陵及山前平原地区栽培。

40. 新温724

新疆林业科学院经济林研究所从扎343与新早丰混合

播种苗中选出的矮化新品种,2010 年 8 月通过新疆维吾尔自治区林木品种审定委员会审定。

树冠较开张,幼树树干灰白色,光滑。大树树干色泽变暗,树皮有浅纵裂。多年生枝灰白色,当年生枝深绿色,无茸毛,有白色皮孔,较粗壮,徒长枝和二次枝略弯曲,枝条较密集。叶片浅绿色,长 10 厘米、宽 5.4 厘米,小叶全缘、5～9 片。混合芽圆形且饱满,有些与雄花芽叠生,混合芽:雄花芽为 1:1.14。混合芽抽生的结果枝上着生 2～3 朵雌花,雌花柱头黄绿色,雄花序长 9.40 厘米左右。坚果长圆形,纵径 4.70 厘米、横径 3.61 厘米、侧径 3.86 厘米。单果平均质量 15.2 克,壳面色泽浅,果基圆略凸,顶尖平或稍凹,较光滑,缝合线平或稍凸,结合较紧密。内褶壁退化,横隔膜膜质,易取整仁,出仁率 61.45%。果仁饱满充实,仁乳白色,风味香,品质上等。

在新疆南疆地区 3 月中旬萌芽,3 月下旬至 4 月上旬展叶,4 月上中旬雌花开放,雌先型。9 月上旬成熟,11 月中旬落叶。

(三)晚实核桃

1. 清香

河北农业大学 20 世纪 80 年代初从日本引进的核桃优良品种,2002 年通过专家鉴定,2003 年通过河北省林木品种审定委员会审定。

树体中等大小,树姿半开张,幼树生长较旺,结果后树势稳定。枝条粗壮,芽体充实,结果枝率 60% 以上,连续结果能力强。嫁接树第 4 年见花结果,高接树第 3 年开花结果,坐果率 85% 以上,双果率 80% 以上。坚果近圆锥形,较大,单果平均质量 16.9 克,大小均匀,壳皮光滑,淡褐色,外形美观,缝合线紧密,壳厚 1.2 毫米。种仁饱满,内褶壁退化,易取整仁,出仁率 52%~53%,蛋白质含量 23.1%,油脂含量 65.8%。仁色浅黄,风味极佳。

在河北保定地区 4 月上旬萌芽展叶,4 月中旬为雄花盛期,4 月中下旬为雌花盛期,雄先型。9 月中旬果实成熟,11 月初落叶。

2. 晋龙 1 号

山西省林业科学研究所(现山西省林业科学院)从实生核桃群体中选出,1990 年通过山西省科技厅鉴定。

主干明显,分枝力中等,树冠自然圆头形。枝条紧密,分布均匀,一年生枝绿棕色,顶芽为混合芽、圆形。每个雌花序多着生 2 朵雌花,坐果率 65%,多双果。嫁接后 2~3 年开始结果,3~4 年后出现雄花。果枝率 45% 左右,果枝平均长 7 厘米,属中、短果枝型。坚果近圆形,果基微凹,果顶平,纵径 3.6~3.8 厘米,横径 3.6~3.96 厘米,侧径 3.8~4.2 厘米,单果平均质量 13.0~16.35 克。壳面较光滑,有小麻点,缝合线窄而平,结合较紧密,壳厚 0.9~1.1 毫米。内褶壁退化,横隔膜膜质,易取整仁,出仁率 60%~65%。仁饱满,黄白色,品质上等。

在晋中地区 4 月下旬萌芽,5 月上旬盛花期,5 月中旬大量散粉,雄先型。9 月中旬坚果成熟,10 月下旬落叶。

该品种抗寒,抗旱,抗病性强,晋中以南海拔 1 000 米以下不受霜冻危害,适宜在华北、西北地区发展。

3. 晋龙 2 号

山西省林业科学研究所(现山西省林业科学院)从实生核桃群体中选出,1994 年通过山西省科技厅鉴定。

树势强,树姿开张,分枝力中等,树冠较大。顶芽阔圆形,侧花芽率较高。每个雌花序多着生 2～3 朵雌花,坐果率 65%。坚果圆形,纵径 3.5～3.7 厘米,横径 3.70～3.94 厘米,侧径 3.70～3.93 厘米,单果质量 14.60～16.82 克。壳面光滑美观,缝合线窄而平,结合较紧密,壳厚 1.12～1.26 毫米。内褶壁退化,横隔膜膜质,可取整仁,出仁率 54%～58%。仁饱满,黄白色,油脂含量 73.7%,蛋白质含量 19.38%,风味香甜,品质上等。

在晋中地区 4 月中旬萌芽,5 月上中旬为雄花盛期,雄先型。9 月中旬坚果成熟,10 月下旬落叶。

该品种果型大而美观,生食、加工皆宜,丰产、稳产,抗逆性较强,适宜在华北、西北丘陵山区发展。

4. 礼品 1 号

辽宁省经济林研究所从新疆晚实纸皮核桃的实生后代中选出,1989 年定名。

树势中庸,树姿开张,分枝力中等。一年生枝呈灰褐色,节间短,以长果枝结果为主。芽呈圆形或阔三角形,小叶5~9片。每个雌花序着生2朵雌花。坚果长圆形,基部圆,顶部圆而微尖,大小均匀,果形美观。纵径、横径和侧径平均为3.6厘米,单果平均质量9.7克左右。壳面刻沟极少而浅,缝合线平而紧密,壳厚0.6毫米左右。内褶壁退化,可取整仁。种仁饱满,种皮黄白色,出仁率70.0%,品质极佳。

在辽宁大连地区4月中旬萌动,5月中旬为雌花盛期,雄先型。9月中旬坚果成熟,11月上旬落叶,适宜北方栽培区发展。

5. 礼品2号

辽宁省经济林研究所从新疆晚实纸皮核桃的实生后代中选出,1989年定名。

树势中庸,树姿半开张,分枝力较强。一年生枝呈绿褐色,节间长,以长果枝结果为主。芽呈圆形或阔三角形,小叶5~9片。每个雌花序着生2朵雌花,少有3朵,多双果。坚果较大,长圆形,基部圆,顶部圆而微尖,纵径、横径和侧径平均为4.0厘米,单果平均质量13.5克左右。壳面较光滑,缝合线平,结合较紧密,但轻捏即开,壳厚0.7毫米左右。内褶壁退化,极易取整仁。种仁饱满,出仁率67.4%,品质极佳。

在辽宁大连地区4月中旬萌动,5月上旬雌花盛期,雌先型。9月中旬坚果成熟,11月上旬落叶。

该品种抗病,丰产,坚果大,壳极薄,出仁率极高,适宜北方栽培区发展。

6. 晋薄 1 号

山西省林业科学研究所(现山西省林业科学院)从山西孝义晚实实生核桃群体中选出,1991 年定名,主要在陕西、山东和河南等地区栽培。

树冠高大,树势强健,树姿开张,树冠半圆形,分枝力强。每个雌花序多着生 2 朵雌花,双果较多。坚果长圆形,纵径、横径和侧径平均为 3.38 厘米,单果质量 11.0~12.0克。壳面光滑美观,缝合线窄而平,结合紧密,壳厚 0.7~0.9毫米。内褶壁退化,横隔膜膜质,可取整仁,出仁率为 63%左右。仁乳黄色,饱满,风味香甜,品质上等。

在晋中地区 4 月中旬萌芽,5 月上旬雄花盛期。9 月上旬坚果成熟,10 月下旬落叶,中熟品种。

该品种坚果品质极优,果形美观,壳薄、仁厚。高接 3年开始结果,较丰产,抗性强,适宜在华北、西北丘陵山区发展。

7. 晋薄 2 号

山西省林业科学研究所(现山西省林业科学院)从山西汾阳晚实实生核桃群体中选出,1991 年定名。

树冠中庸,呈圆球形,分枝力较强。以短果枝结果为主,每个雌花序多着生 2~3 朵雌花,双果、三果较多。坚果长圆形,纵径 3.51~3.86 厘米,横径 3.4~3.7 厘米,侧径

3.4～3.7厘米,单果平均质量11.2～13.8克,壳厚0.6～0.7毫米。壳面光滑,少数露仁。内褶壁退化,横隔膜膜质,可取整仁,出仁率69.3%～73.5%。仁乳黄色,饱满,油脂含量69.15%,蛋白质含量16.93%,风味香甜,品质上等。

在晋中地区4月中旬萌芽,4月下旬雄花盛期,5月上旬雌花盛期,雄先型。9月中旬坚果成熟,11月上旬落叶。

该品种坚果品质极优,出仁率高,生食与加工皆宜。高接3年开始结果,抗寒、抗旱,抗病性强,适宜在华北、西北丘陵山区发展。

8. 西洛1号

原西北林学院从陕西洛南县核桃实生园中选出,1984年定名,主要在陕西、甘肃、山西、河南、山东、四川和河北等地区栽培。

树势中庸,树姿直立,盛果期较开张,分枝力较强,雄先型,晚熟品种。侧生混合芽率12%,果枝率35%,长、中、短果枝的比例为40:29:31。坐果率60%左右,多双果。坚果近圆形,果基圆形,纵径、横径和侧径平均为3.57厘米,单果平均质量13克。壳面较光滑,缝合线窄而平,结合紧密,壳厚1.13毫米。内褶壁退化,横隔膜膜质,易取整仁,出仁率57%。核仁充实饱满,风味香脆。

该品种果实大小均匀,品质极优,适宜在秦岭大巴山区、黄土高原以及华北平原地区栽培。

9.西洛 2 号

原西北林学院从陕西洛南县核桃实生园中选出,1987年定名,主要在陕西、甘肃、山西、河南、宁夏、四川等地区栽培。

树势中庸,树姿早期较直立,以后多开张,分枝力中等。雄先型,为晚熟品种。侧生混合芽率 30%,果枝率 44%,长、中、短果枝的比例为 40:30:30。坐果率 65% 左右,其中 85% 为双果。坚果长圆形,果基圆形,纵径、横径和侧径平均为 3.6 厘米,单果平均质量 13.1 克。壳面较光滑,有稀疏的小麻点,缝合线平,结合紧密,壳厚 1.26 毫米。内褶壁退化,横隔膜膜质,易取仁,出仁率 54%。核仁充实饱满,味香脆不涩。

该品种有较强的抗旱、抗病性,耐瘠薄土地。坚果外形美观,核仁甜香。在不同立地条件下均表现丰产,适宜在秦岭大巴山区、西北、华北地区栽培。

三 良种壮苗繁育技术

壮苗是核桃生产的基础。目前,在我国核桃生产中,除新发展的部分核桃园为嫁接繁殖外,其他的均为实生核桃树。实生树长势参差不齐,结果期早晚差异大,产量相差几倍,甚至几十倍。坚果大小不一,品质优劣混杂,影响销售。因此,必须采用嫁接繁殖才能维持核桃生产的可持续发展。

(一)育苗地的选择与准备

选择地势平坦,背风向阳,土壤肥沃,土层厚度 1.0 米以上,地下水位在地表 2.0 米以下,pH 6.8~7.5,非重茬地为苗圃地。每亩施入腐熟有机肥 5 000~8 000 千克和过磷酸钙 50 千克,深翻土壤,深度为 35~40 厘米;按作业方式做畦起垄;用塑料薄膜覆盖 20 天左右,进行高温土壤消毒,做好播种前准备。

(二)砧木的选择

核桃在我国分布广泛,各地使用的砧木也各不相同。可以根据本地的实际情况,选择适应性强、亲和力好、嫁接成活率高的核桃为砧木。

砧木应具有强壮的根系，以供给树体充足的水分和养分，并对土壤干旱、病虫害具有抗性，达到增强树势、促进树体快速生长的目的。砧木的种类、质量和抗性直接影响嫁接成活率及建园后的经济效益，选择适宜当地条件的砧木是保证丰产的先决条件。适宜北方早实核桃作砧木的有华北晚实核桃、麻核桃和奇异核桃，而新疆早实核桃类群常出现生长势弱、抗病虫性差等问题，不适宜作北方早实核桃品种的砧木。

　　目前，我国的核桃砧木主要有 6 种：核桃、铁核桃、核桃楸、野核桃和麻核桃。

1. 核桃

　　核桃是目前河北、河南、山西、山东、北京等地区核桃嫁接的主要砧木。核桃作砧木嫁接亲和力强，接口愈合牢固，我国北方地区普遍使用。其成活率高，生长结果正常。但是，由于长期采用商品种子播种育苗，实生后代分离严重，类型复杂。在出苗期、生长势、抗性以及与接穗的亲和力等方面都有所差异。因此，培育出的嫁接苗也多不一致。

2. 铁核桃

　　铁核桃主要分布于我国西南各省，坚果壳厚而硬，果形较小，难取仁，出仁率低，壳面刻沟深而密，商品价值低。铁核桃是泡核桃、娘青核桃、三台核桃、大白壳核桃、细香核桃等品种的良好砧木，亲和力强，嫁接成活率高，愈合良好，无"大、小脚"现象。用铁核桃嫁接泡核桃的方法在我国云南、贵州等地已有200多年的历史。

3. 核桃楸

核桃楸主要分布在我国东北和华北各省,垂直分布在海拔2 000米以上。其根系发达,适应性强,十分耐寒,是核桃属中最耐寒的一个种,也十分耐干旱和瘠薄。果实壳厚而硬,难取仁,表面壳沟密而深,商品价值低。核桃楸野生于山林当中,种子来源广泛,育苗成本低,能增加品种树的抗性,扩大核桃的分布区域。但是,核桃楸嫁接品种,后期容易出现"小脚"现象,而且嫁接成活率和成活后的保存率都不如核桃砧木。

4. 野核桃

野核桃主要分布于江苏、江西、浙江、湖北、四川、贵州、云南、甘肃、陕西等地,常见于湿润的杂林中,垂直分布海拔为800~2 000米。果实个小,壳硬,出仁率低,多用作核桃砧木。但是,嫁接容易出现"小脚"现象,而且嫁接成活率也不如核桃砧木。

近年来,山东省果树研究所利用野核桃与早实核桃杂交,选出一系列种间品系(如鲁文1号、鲁文8号、野香等),结果较早,而且表现出较好的抗性,坚果刻沟多而深,形状多样,可作为优良的砧木资源。

5. 麻核桃

麻核桃又叫河北核桃,是核桃与核桃楸的自然杂交种,主要分布于河北、天津和北京,山西、山东也有栽培。它同核桃的嫁接亲和力很强,嫁接成活率也高,可作核桃砧木,只是种子来源少,产量低,成本较高。

(三)砧木苗培育技术

1.种子的选择和采集

目前,核桃砧木苗大多数为种子繁育而成的实生苗。种子的质量关系到实生苗的长势,是培养优良砧木苗的重要环节。繁育砧木苗应选择生长健壮、无病虫害、种仁饱满、盛果期的树作为采种母树。多数青果皮开裂、坚果完全成熟为采种最佳时间,此时采收的种子种仁饱满,易贮藏,出苗率高,生长快而健壮。用作砧木的核桃种子要粒大饱满,每千克120粒以下,不漂白处理,自然晾晒干。

2.种子催芽

冬季室外沟藏催芽,用水浸泡种子10天左右,前3天每天换清水1~2次,等核仁吸水膨胀后将种子捞出,再用0.03%的赤霉素浸泡10小时,混以湿沙。在室外沟藏,沟深60厘米,先在沟底铺10厘米厚的湿沙,再依次一层种子铺一层湿沙。到离地面10厘米时,用湿沙填平,上面再覆土30~40厘米,呈脊背形,中间竖草把以便通气。春天定时检查发芽情况,发芽后即可播种。

3.播种时期和方法

种子发芽后进行春播,山东省一般在3月中下旬至4月上旬。畦床播种,畦面的宽度为1米,每畦点播2行,行距60厘米,距畦垄20厘米。整个苗圃地宽窄行播种,宽行

60 厘米,窄行 40 厘米,株距 20 厘米。一般均用点播法播种,播种时,可将胚根根尖掐去 1 毫米,促使侧根发育,根尖向下入土,缝合线与地面垂直。播种深度一般以 6～8 厘米为宜,可挖浅沟灌水后再播种,然后覆土。

4. 砧木苗管理

为了促进苗木生长,要加强肥水管理。5 月份至 6 月份是苗木生长的关键时期,追肥以氮肥为主,例如尿素,每亩沟施 10～15 千克。追肥后灌水,灌水量以浇透为标准。要及时清除杂草,防止杂草与幼苗争夺营养。同时疏松土壤,有利于幼苗生长。

7 月至 8 月是苗木生长旺盛期,此时雨量较多,灌水应根据情况灵活掌握。在雨水多的地区或季节应注意排水,防止苗木受涝害。施肥应以磷、钾肥为主。砧木长到 30 厘米高时可通过摘心促进基部增粗。

9 月份至 11 月份一般灌水 2～3 次,特别是最后一次封冻水,应保证浇透。苗期应注意防治细菌性黑斑病、象鼻虫、金龟子、浮尘子等病虫害。

(四)接穗培育技术

一般情况下在一年生芽接苗上采集接穗。一年生芽接苗在原苗圃地不动,3 月份发芽前于芽接部位以上 5 厘米处重短截,促发新梢。短截后注意及早抹除砧木萌芽,萌芽抽枝后可再短截一次,以剪除抽生的果枝,促使隐芽萌发。保留 2～3 个旺盛生长的发育枝,每株促发 2～3 个新梢为接穗。

短截后每亩沟施尿素 20 千克,并及时浇水、除草松土。芽接前如土壤干旱,应提前 3 天灌水。

3～5 年生幼树也可为芽接采穗树,3 月份发芽前于 2～3 年生枝光滑部位重短截,截留长度为 20 厘米左右,依原树形进行重短截(中更新),剪除所有的一年生枝,促发新梢。短截后注意及早抹除全树萌芽,以促使隐芽第二次萌发。第二次萌发后及时剪除结果枝和过密的生长枝,保留的接穗枝条要分布均匀合理。短截后每株沟施尿素 0.8 千克,并及时浇水、除草松土,叶面施肥 2～3 次。芽接前如土壤干旱,应提前 3 天灌水。

(五)嫁接技术

1. 砧木苗处理

一年生实生砧木苗在原苗圃地不动,3 月份发芽前于地面平茬,促发新梢。平茬后注意及早抹除多余萌芽,保留一个旺盛生长的萌芽,每株促发一个新梢。平茬后每亩沟施尿素 20 千克,并及时浇水、除草松土。芽接前如土壤干旱,应提前 5 天灌水。

2. 嫁接时期及接芽采集

山东省适宜的芽接时期为 5 月下旬到 7 月上旬,时间过早,枝嫩取芽困难,且气温低,不易成活;过晚,嫁接芽当年萌发后生长量过小,组织不充实,不易越冬。

采集接穗最好选在无风的阴天或者晴天的傍晚进行。选择当年生优质春梢,剪下后将叶片去掉,只保留叶柄

1.5~2.0厘米,放在事先准备好的湿布、湿麻袋或湿报纸上,小心包好,防止接穗失水。接穗最好是随采随用,不能及时嫁接的接穗可以放到潮湿的地窖或冰箱内。温度应保持在14 ℃左右,空气相对湿度80％左右,在这样的环境下接穗可以存放3天左右。

3.嫁接方法

采用方块形芽接方法,此方法操作简便,成活率高。砧木最好为当年生新梢,先在砧木上切一个长3~4厘米、宽2~3厘米的方块,将树皮去除,并在切口左下角或右下角切除2毫米宽、1厘米长的树皮,成为放水口。再在接穗上取小于砧木切口的方块形芽片(芽内维管束要保持完好),迅速镶入砧木切口,留下放水口,用塑料薄膜绑紧接口即可。芽接部分距地面不超过20厘米。

4.嫁接后的砧木处理

嫁接完成之后,在接芽上方保留1~2片复叶,以上的部分剪掉,这称为一次剪砧。剪砧可以减少上面枝叶与接芽争夺营养,留下的几片叶用来为接芽遮光并进行光合作用提供营养。

(六)嫁接苗管理

1.除萌蘖

嫁接后及时抹除接芽之外的其他萌芽,以免与接芽争夺养分,影响接芽萌发和生长。接芽一般需要除萌蘖2~3次。嫁接未成活的植株可选留一个生长健壮的萌蘖,为补接做准备。

2. 回剪与松绑

接芽完全愈合萌发抽生 5～10 厘米长的新梢时,剪除接芽以上的 2 片复叶,但不能回剪到接芽处,接芽以上保留 1～2 厘米。接芽新梢长 15～20 厘米时可除去塑料绑条,并回剪到接芽处,以利于嫁接部位完全愈合及新梢直立生长。

3. 肥水管理

在没解除塑料绑条之前,新梢长度小于或等于 20 厘米时不能浇水,否则降低嫁接成活率。新梢长 20 厘米以上时再进行浇水和施肥,前期施氮肥,每亩施尿素 20 千克,后期施用氮、磷、钾复合肥,8 月份每亩施复合肥 50 千克。9 月份以后要控肥控水,抑制新梢生长,提高苗木的成熟度。

苗圃地锄草要锄早、锄小、锄净,保证苗圃地无杂草丛生,减少病虫害的发生。

4. 病虫害防治

核桃嫁接期间的虫害主要有黄刺蛾和棉铃虫,防治办法以使用高效氯氰菊酯等杀虫剂为主。后期容易感染细菌性黑斑病,要在 7 月下旬每隔 15 天喷一次农用链霉素或其他细菌性病害杀菌剂,连续喷 3～4 次。9 月下旬至 10 月上旬要及时防止浮尘子在枝条上产卵。

（七）苗木出圃

苗木出圃是育苗的最后一个环节，为使苗木栽植后生长健壮，苗木出圃工作必须予以高度重视。起苗前要对培育的苗木进行调查，核对苗木的品种及数量，根据购苗情况安排出圃计划，安排好苗木假植和储藏的场地等。

1. 起苗和假植

起苗应在苗木已停止生长、树叶已凋落时进行。土壤过干时，挖苗前需浇一次水，这样便于挖苗，伤根少。一年生苗的主根和侧根至少应保持在 20 厘米以上，根系必须完整。苗木要及时整修，修剪劈裂的根系，剪掉萌蘖枝及接口上的残桩，剪短过长的副梢等。

苗木整修之后如果不能及时移植，要就地临时假植，假植沟应选择地势高、土质疏松干燥、排水良好的背风处。东西向挖沟，宽、深各 1 米，长度依据苗木数量而定。分品种把苗木一排排稍倾斜地放入沟内，用湿沙土把根埋严。苗木梢尖与地面持平或稍高于地面。如果苗木数量大、品种多，同埋在一条沟中，各品种一定要挂牌标明并用秸秆隔开，建立苗木假植记录，以免混乱。每隔 2.0 米埋一把秸秆，使之通气。埋完后浇一次小水，使根系与土壤结合，并增加土壤湿度，防止根部冻干。天气较暖时可分次向沟内填土，以免一次埋土过深根部受热。

2. 苗木分级

苗木分级是保证出圃苗的质量和规格、提高建园时的栽植成活率和整齐度的关键,分级要根据苗木类型而定。对于核桃嫁接苗,要求品种纯正,砧木正确;地上部分枝条健壮、充实,具有一定高度和粗度,芽体饱满;根系发达,须根多,断根少;无检疫对象、无严重病虫害和机械损伤;嫁接苗结合部愈合良好。在此基础上,依据嫁接口以上的高度和接口以上 5 厘米处的直径两个指标将核桃苗木分为六级:

特级苗,苗高>1.20 米,直径≥1.2 厘米

一级苗,苗高 0.81~1.20 米,直径≥1.0 厘米

二级苗,苗高 0.61~0.80 米,直径≥1.0 厘米

三级苗,苗高 0.41~0.60 米,直径≥0.8 厘米

四级苗,苗高 0.21~0.40 米,直径≥0.8 厘米

五级苗,苗高<0.21 米,直径≥0.7 厘米

等外苗,其他为等外苗。

一定要根据国家及地方有关统一的分级标准将出圃苗木进行分级,不合格的苗木应列为等外苗,不应出圃,留在圃内继续培养。

3. 苗木检疫

苗木检疫是防止病虫害传播的有效措施,凡列入检疫对象的病虫,应严格控制不使其蔓延,即使是非检疫对象的病虫,亦应防止传播。因此,出圃时苗木需要消毒,方法如下:

(1)石硫合剂消毒,用 4~5 波美度的溶液浸苗木 10~

20 分钟,再用清水冲洗根部一次。

(2)波尔多液消毒,用 1:1:100 式药液浸苗木 10~20 分钟,再用清水冲洗根部一次。

(3)升汞水消毒,用 60%浓度的药液浸苗木 20 分钟,再用清水冲洗 1~2 次。

4.苗木的包装和运输

苗木如调运到外地,必须包扎,以防止根系失水和遭受机械损伤。每 50~100 株打成一捆,根部填充保湿材料,如湿锯末、水草之类,外用湿草袋或蒲包把苗木的根部及部分茎部包好,途中应加水保湿。为防止品种混杂,内外都要有标签。

（一）园地的选择标准

核桃树具有生长周期长,喜光、喜温等特性,建园时,应以适地适树和品种区域化为原则,从园址选择、规划设计、品种选择到苗木定植,都要严格谨慎。建园前应对当地气候、土壤、降雨量、自然灾害和附近核桃树的生长发育状况及以往出现过的问题等进行全面调查研究,为确定建园地点提供科学依据。

1. 海拔

核桃的适应性较强,在北纬 21°～北纬 44°、东经 75°～东经 124°地区均有栽培。北方地区多栽培在海拔 1 000 米以下,秦岭以南多生长在海拔 500～1 500 米之间,云贵高原多生长在海拔 1 500～2 000 米之间,辽宁西南部适宜生长在海拔 500 米以下的地方。

2. 温度

核桃属于喜温树种,通常核桃苗木或大树适宜生长在年均气温 9～16 ℃、极端最低温度不低于－26 ℃、极端最高温度 38 ℃以下、有霜期 150 天以下的地区。幼龄树在－20 ℃条件下易出现冻害,成年树虽能耐－30 ℃的低温,但在低于－26 ℃的地区,枝条、雄花芽及叶芽易受冻害。

核桃最忌讳晚霜危害,从展叶到开花期间的温度低于－2 ℃,持续时间在 12 小时以上,会造成当年果实绝收。展叶后,如遇－2～4 ℃低温,新梢会受到冻害。花期和幼果期气温降到－1～2 ℃则受冻减产。生长温度超过 38 ℃时,果实易被灼伤,核仁发育不良,形成空苞。

3. 光照

核桃是喜光树种,适于山地的阳坡或平地栽培,进入结果期后更需要充足的光照。光照对核桃生长发育、花芽分化及开花结果均具有重要影响。全年日照时数应大于 2 000 小时,如少于 1 000 小时,则结果不良,影响核壳、核仁发育,坚果品质降低。特别在雌花开花期,如遇阴雨低温天气,极易造成大量落花落果。果园郁闭也会造成坚果产量下降。

4. 排水和灌溉

建园地点要有灌溉水源,排灌系统畅通,特别是早实核桃密植园应达到旱能灌、涝能排的要求。核桃较耐空气干燥,但对土壤的水分状况比较敏感。土壤干旱有碍根系吸收和地上部蒸腾,干扰正常的新陈代谢,严重时可造成落花落果乃至叶片凋萎。土壤水分过多或长时间积水时,由于通气不良会使根系呼吸受阻,严重时可导致根系窒息、腐烂,影响地上部生长发育,甚至导致死亡。因此,山地核桃园需设置水土保持工程,以涵养水分。平地则应解决排水问题,核桃园的地下水位应在地表2.0米以下。

5. 土壤

核桃为深根性树种,对土壤的适应性较强,无论在丘陵、山地还是平原都能生长。土层厚度在1.0米以上时生长良好,土层过薄影响树体发育,容易"焦梢",且不能正常结果。核桃在含钙的微碱性土壤上生长良好,土壤pH适应范围为6.2～8.2,最适宜范围为6.5～7.5。土壤含盐量宜在0.25％以下,超过0.25％即影响生长和产量,含盐量过高会导致植株死亡,其中氯酸盐比硫酸盐对植株危害更大。

6. 风力

核桃系风媒花,花粉传播的距离与风速、地势有关。据报道,最佳授粉距离在100米以内,如果超过300米,几乎不能授粉,需要进行人工授粉。在一定范围内,花粉的散布量随风速增加而加大,随距离的增加而减小。但是在核桃授粉期间经常有大风的地区应该进行人工授粉或选择单性结实率高的品种。在冬季、春季多风地区,迎风的核桃树易抽条、干梢等,影响发育和开花结实。

7. 迹地和重茬

在柳树、杨树、槐树生长过的迹地栽植核桃易染根腐

病,应进行土壤杀菌处理。老核桃园伐后继续种植核桃时,易因重茬造成结果不良。可采用以下两种方法减轻重茬病危害:

(1)刨掉核桃树后连续种植2～3年禾本科作物(如小麦、玉米等),对消除重茬的不良影响有较好的作用。

(2)必须重茬种植核桃时,可挖大定植穴(1立方米),以彻底消除残根,晾坑3～5个月,于第2年春季定植2～3年生大龄嫁接苗。定植穴必须错开填入客土,并加强幼树的肥水管理,提高幼树自身的抗性。

(二)核桃园的规划

选定核桃园地之后,就要作出具体的规划设计。园地规划设计是一项综合性工作,应按照核桃的生长发育特性,选择适当的栽培条件,以满足核桃正常生长发育的要求。对于条件较差的地区,要充分研究当地土壤、肥水、气候等方面的特点,采取相应措施,改善环境,在设计的过程中逐步加以解决和完善。

1.规划设计的原则和步骤

(1)规划设计的原则:

①应根据建园方针、经营方向和要求,集合当地自然条件、物质条件、技术条件等综合考虑,进行整体规划。

②要因地制宜选择良种,依品种特性确定品种配置及栽植方式。优良品种应具有丰产、优质和抗性强的特点。

③有利于机械化管理和操作。核桃园中有关交通运输、排灌、栽植、施肥等,必须有利于实行机械化管理。

④设计好排灌系统,达到旱能灌、涝能排。

⑤注意栽植前核桃园土壤的改良,为核桃良好生长发育打下基础。

⑥规划设计时应把小区、路、林、排、灌等协调起来,节约用地,使核桃树的占地面积不少于85%。

⑦合理间作,以园养园,实现可持续发展。初建园时应充分利用果粮、果药、果果间作等的效能,以短养长,早得收益。

(2)规划设计的步骤:

①园地调查。为了掌握待建园地的概貌,规划前必须对建园地点的基本情况进行详细调查,为园地的规划设计提供依据,以防止因规划设计不合理给生产造成损失。参加调查的人员包括果树栽培、植物保护、气象、土壤、水利、测绘等方面的技术人员,以及农业经济管理人员。调查内容包括社会情况、果园生产情况、气候条件等几个方面。

社会情况:包括建园地区的人口、土地资源、经济状况、劳动力情况、技术力量、机械化程度、交通能源、管理体制、市场销售、干鲜果比价、农业区划情况,以及有无污染源等。

果园生产情况:当地果树及核桃的栽培历史,主要树种、品种,果园总面积、总产量,历史上果树的兴衰及原因,各种果树和核桃的单位面积产量,经营管理水平及存在的主要病虫害等。

气候条件:包括年平均温度、极端最高和最低温度、生长期积温、无霜期、年降水量等。应特别注意对核桃危害较严重的灾害性天气,如冻害、晚霜、雹灾、涝害等。

土壤条件:包括土层厚度,土壤质地,酸碱度,有机质含量,氮、磷、钾及微量元素的含量等,以及园地的前茬树种或作物。

水利条件:包括水源情况、水利设施等。

②测量和制图。建园面积较大或是山地园,需进行面积、地形、水土保持工程的测量工作。平地测量较简单,常用罗盘仪、小平板仪或经纬仪,以导线法或放射线法将平面图绘出,标明突出的地形变化和地物。山地建园需要进行等高测量,以便修筑梯田、撩壕、鱼鳞坑等水土保持工程。园地测绘完以后,即按核桃园规划的要求,根据园地的实际情况,对作业区、防护林、道路、排灌系统、建筑用地、品种的选择和配置等进行规划,并按比例绘制核桃园平面规划设计图。

2. 不同栽培方式建园的设计内容

核桃栽培方式主要有三种,一种是集约化园区式栽培,无论幼树期是否间作,到成龄树时均成为纯核桃园。另一种是立体间作栽培,即核桃与农作物或其他果树、药用植物等长期间作。此种栽培方式能充分利用空间和光能,且有利于核桃生长和结果,经济效益快而高。再有一种栽培方式是利用沟边、路旁或庭院等闲散土地零星栽植,这也是我国发展核桃生产不可忽视的重要方面。

在三种栽培方式中,零星栽培要求简单,只要园地符合要求,那么进行适当的品种配置即可。而其他两种栽培方式,在定植前均要根据具体情况进行周密的调查和规划设计,主要内容包括:作业区划分及道路系统规划、核桃品种及品种的配置,防护林、水利设施及水土保持工程的规划设计等。

(1)作业区的划分:作业区为核桃园的基本生产单位,形状、大小、方向都应与当地的地形、土壤条件及气候特点相适应,要与园内道路系统、排灌系统及水土保持工程的规划设计相互配合协调。为保证作业区内技术的一致性,作业区内的土壤及气候条件应基本一致,地形变化不大,耕作比较方便,作业区面积可定为50~100亩。地形复杂的山地核桃园,为减少和防止水土流失,可依自然流域划定作业区,不硬性规定面积大小。作业区的形状多设计为长方形,平地核桃园,作业区的长边应与当地风害的方向垂直,行向与作业区长边一致,以减少风害。山地建园,作业区可采用带状长方形,作业区的长边应与等高线的走向相一致,以提高工作效率。同时,要保持作业区内的土壤、光照、气候条件相对一致,以有利于水土保持工程施工及排灌系统的规划。

(2)防护林的设置:

①防护林的作用。核桃园建立防护林可以改善核桃的生态条件,提高核桃树的坐果率,增加果实产量,提高果实品质,实现良好经济效益。防护林能抵挡寒风侵袭,降低核桃园风害,并能控制土壤水分的蒸发量,调节核桃园的温度和湿度,减轻或防止霜、冻危害和土壤盐渍化。

②适宜类型。林带类型不同,防风效果不同。核桃园常选用林冠上下均匀透风的疏透林带或上部林冠不透风、下部透风的透风林带。若以减轻风速25%为有效保护作用,那么防护林的防护范围,迎风面为林带高度的5～10倍范围,背风面为林带高度的25～60倍。防护林的宽度、长度和高度,以及防护林带与主要有害风的夹角都影响防风效果和防风范围。

③主林带与副林带的配置及适宜树种。加强对主要有害风的防护,通常采用较宽的林带,称主林带(宽约20米),主林带与主要有害风垂直。垂直于主林带设置较窄的林带(宽约10米),称为副林带,以防护其他方向的风害。在主、副林带之间可加设1～2条林带,也称折风线,以进一步降低风速,加强防护效果,这样形成了纵横交错的网络,即称林网。林网内的核桃树可获得较好的防护。

林带常由高大乔木和亚乔木及灌木组成,行距2.0～2.5米,株距1.0～1.5米。北方乔木多用杨树、泡桐、水杉、臭椿、皂角、楸树、榆树、柳树、枫树、水曲柳、白蜡等,灌木有紫穗槐、沙枣、杞柳、桑条。为防止林带遮阴和树根串入核桃园影响核桃树生长,一般要求林带南面距核桃树10～15米,林带北面距核桃树20～30米。为了经济用地,通常将核桃园的路、渠、林带结合配置。

(3)道路系统的规划:为使核桃园生产管理高效方便,应根据需要设置宽度不同的道路,各级道路应与作业区、防护林、排灌系统、输电线路、机械管理等互相结合。一般中大型核桃园由主路(或干路)、支路和作业道三级道路组成,主路贯穿全园,宽度要求4～5米;支路是连接干路通向作业区的道路,宽度要求达到3～4米;作业路是作业区内从事生产活动的要道,宽度要求达到2～3米。小型核桃园可不设主路和作业路,只设支路。山地核桃园的道路应根据地形修建,坡路应选坡度较缓处,路面要内斜,路面内侧修筑排水沟。

(4)排灌系统的设置:排灌系统是核桃园科学、高效、安全生产的重要组成部分。山地干旱地区可结合水土保持修水库、开塘堰、挖涝池,尽量保蓄雨水,以满足核桃树生长发育的需求。平地核桃园,除了打井修渠满足灌溉以外,易涝的低洼地带要设置排水系统。

输水和配水系统包括干渠、支渠和园内灌水沟,干渠将水引至园中,纵贯全园;支渠将水从干渠引至作业区;灌水沟将支渠的水引至行间,直接灌溉树盘。干渠位置要高些,以利于扩大灌溉面积。山地核桃园应设在分水岭上或坡面上方,平地核桃园可设在主路一侧。干渠和支渠可采用地下管网。山地核桃园的灌水渠道应与等高线走向一致,配合水土保持工程,按一定的比降修成,可以排灌兼用。

核桃属深根树种,忌水位过高,地下水位距地表小于2.0米,核桃的生长发育即受抑制。因此,排水问题不可忽视,特别是起伏较大的山地核桃园和地下水位较高的下湿地,都应重视排水系统的设计。山地核桃园主要排除地表径流,多采用明沟法排水。排水系统由梯田内的等高集水沟和总排水沟组成,集水沟可修在梯田内沿,而总排水沟应设在集水线上。平地核桃园的排水系统由小区以内的集水沟和小区边沿的支沟与干沟三部分组成,干沟的末端为出水口。集水沟的间距要根据平时地面积水情况而定,一般间隔2~4行挖一条。支沟和干沟通常按排灌兼用的要求设计,如果地下水位过高,需要结合降低水位的要求加大深度。

(三)种植技术

1. 改良挖穴

核桃树属于深根性植物,因此要求土层深厚,土壤较肥沃。不论山地或平地栽植,均应提前进行土壤熟化和增加肥力的准备工作。土壤准备主要包括平整土地、修筑梯田及水土保持工程的建设等,在此基础上还要进行深翻熟化、改良土壤、定点挖穴、增加土地有机质等各项工作。

(1)土壤深翻熟化和土壤改良:通过深翻可以使土壤熟化,同时改善表土层以下淋溶层、淀积层的土壤结构。核桃多栽培在山地、丘陵区,少部分栽培在平原地上。对于活土层浅、理化性质差的土壤,深翻显得尤为重要。深耕的深度为80～100厘米,深翻的同时可以进行土壤改良,包括增施有机肥、绿肥,使用土壤改良剂等。沙地栽植,应混合适量黏土或腐熟秸秆,以改良土壤结构。在黏重土壤或下层为砾石的土壤上栽植,应扩大定植穴,并采用客土、掺沙、增施有机肥、填充草皮土或表面土的方法来改良土壤。

(2)定点挖穴:完成以上工作后,根据栽植计划测量出核桃的栽植点,并按点挖栽植穴。栽植穴或栽植沟应于栽植前一年的秋季挖好,使心土有一定熟化的时间,栽植穴的深度和直径为1.0米以上。密植园可挖栽植沟,沟深与沟宽为1.0米。无论穴植或沟植,都应将表土与心土分开堆放。定植穴挖好后,将表土、有机肥和化肥混合后进行回填,每个定植穴施优质农家肥30～50千克,磷肥3～5千克,然后浇水压实。地下水位高或低湿地果园,应先降低水位,改善全园排水状况,再挖定植沟或定植穴。

（3）肥料贮备：肥料是核桃生长发育良好的物质基础。特别是有机肥，所含的营养比较全面，不仅含核桃生长所需的营养元素，而且含有激素、维生素、氨基酸、葡萄糖、DNA、RNA、酶等多种活性物质，可提高土壤腐殖质，增加土壤孔隙度，改善土壤结构，提高土壤的保水和保肥能力。在核桃栽植时，施入适量有机肥作底肥，能有效促进核桃生长发育，提高树体的抗逆性和适应性。如果同时加入适量磷肥和氮肥作底肥，效果更显著。因此，在苗木定植前，应做好肥料的准备工作，可按每株20～30千克准备有机肥，按每株1～2千克准备磷肥。如果以秸秆为底肥，还应施入适量氮肥。

2. 种植苗木

（1）苗木准备：苗木质量直接关系到建园的成败，苗木要求品种准确，主根及侧根完整，无病虫害。苗木长途运输时应注意保湿，避免风吹、日晒、冻害及霉烂。

（2）授粉树配置：选择栽植的授粉树品种，应具有良好的商品性状和较强的适应能力。核桃具有雌雄花异熟、风媒传粉、传粉距离短及坐果率差异较大等特性，为了提供良好的授粉条件，最好选用2～3个主栽品种，而且能互相授粉。专门配置授粉树时，可每4～5行主栽品种配置1行授粉品种。山地梯田栽植时，可以根据梯田面的宽度配置一定比例的授粉树，原则上主栽品种与授粉品种比例为（8～

10）：1为宜。授粉品种也应具有较高的商品价值。

（3）种植密度：核桃树喜光，栽植密度过大，果园郁闭，影响产量；密度过小，土地利用率低。因此，核桃栽植密度应根据立地条件、栽培品种和管理水平确定，以单位面积能够获得高产、稳产、便于管理为原则。在土层深厚、肥力较高的条件下，树冠较大，株行距也应大些，早实核桃可采用4米×6米的宽行密株模式。

对于栽植在田埂、地堰，以种植作物为主，实行果粮间作的核桃园，间作密度不宜硬性规定，一般株行距为6米×12米或8米×9米。山地栽植以梯田宽度为准，一般一个台面一行，台面宽于20米的可栽植两行，台面宽度小于8米时隔一个台面栽植一行，株距一般为4～6米。

（4）定植：北方冬季气温低，以春栽为主，栽后不需防寒，春栽一般在土壤化冻后至发芽前进行。在干旱、冷凉地区，以秋栽为主。冬季寒冷多风，秋季栽植幼树容易受冻害或抽条，应注意幼树防寒，可栽后埋土防寒。秋栽树发芽早而且生长旺盛，秋栽一般在落叶后至土壤封冻前进行。

栽植以前，剪除苗木的伤根、烂根，将根系放在500～1 000毫克/升的ABT生根粉3号溶液中浸泡1小时以上，以利于成活。挖长、宽、深均为40厘米的定植穴，将表土和有机肥混合填入坑底，把树苗放入定植穴中央、扶正，舒展根系，分层填土踩实，土培到与地面相平，踩实后修整树盘，及时浇水,且第一遍水务必浇足。待水渗下后,用高40厘米以上的大土墩封好苗木颈部,防止抽条,保温保湿。

提高成活率的措施:挖大穴,保证苗木根系舒展。灌溉困难的园地树盘用地膜覆盖,不仅可防旱保墒,还可以增加地温,促进根系再生恢复。防治病虫害,清除杂草。北方部分地区,越冬前在2～3年的核桃枝条上涂抹聚乙烯醇胶,有一定的防寒作用。

(四)种植当年的管理

1. 除草施肥灌水

为了促进幼树生长发育,应及时进行人工除草、施肥灌水及加强土壤管理等。栽植后应根据土壤干湿状况及时浇水,以提高栽植成活率,促进幼树生长。栽植灌水后,也可用地膜覆盖树盘,以减少土壤水分蒸发。在生长季,结合灌水可追施适量化肥,前期以追施氮肥为主,后期以磷、钾肥为主,也可进行叶面喷肥。结果前应以氮肥为主,以促进树冠成型,提早结果。

2. 补栽及除萌

春季萌芽展叶后,应及时检查苗木的成活情况,对未成活的植株,应及时补栽同一品种的苗木。

嫁接部位以下的砧木易萌发新芽,应及时检查和除萌,以免浪费养分,促进嫁接部位以上生长。

3. 定干

对于达到定干高度的幼树,要及时进行定干。定干高度要依据品种特性、栽培方式及土壤和环境等条件而确定。一般来讲,早实核桃的树冠较小,定干高度一般为1.2～1.4米为宜。果材兼用型核桃品种,为了提高干材的利用率,干高可定在3.0米以上。

4. 冬季防抽干

我国华北和西北地区冬季寒冷干旱,栽后2～3年的核桃幼树经常发生抽条现象。因此要根据当地具体情况,进行幼树防寒和防抽条工作。

防止核桃幼树抽条的根本措施是提高树体自身的抗冻性和抗抽条能力。加强水肥管理,按照前促后控的原则,7月份之前以施氮肥为主,7月份之后以磷、钾肥为主,并适当控制灌水。在8月中旬之后,对正在生长的新梢喷布1 000～1 500毫克/千克的多效唑,可有效控制枝条旺长,增加树体的营养贮藏水平和抗性。入冬前灌一次冻水,提高土壤的含水量,减少抽条的发生。及时防止大青叶蝉在枝干上产卵危害。在此基础上,可埋土、培土防寒,并涂刷聚乙烯醇胶(聚乙烯醇的熬制方法:将工业用的聚乙烯醇放入50 ℃温水中,聚乙烯醇与水的比例为1∶15～1∶20,边加边搅拌,直至聚乙烯醇完全溶于水,凉至不烫手后涂抹),也可树干绑秸秆、涂白等,以减少核桃枝条水分的损失,避免发生抽条。

五 土肥水管理

核桃树每年生长和结实需要从土壤中吸收大量营养元素,特别是幼树阶段,生长旺盛,必须保证足够的养分、水分供应,以免所需营养元素得不到满足,造成营养失调,削弱生长发育,形成弱树和"小老树"。通过科学施肥和灌水,可以促进根系和树体发育,有利于花芽分化,配合修剪调节生长与结果的关系。

(一)土壤管理

土壤管理是核桃园的重要工作之一。良好的土壤管理可以改善土壤的理化性质,促进土壤微生物活动,平衡土壤中水、肥、气、热四大因子的关系,能促进核桃幼树快速生长,提早结果,也能使盛果期核桃树高产稳产,是核桃园实现可持续发展的保障。

1. 深翻

深翻是土壤管理的一项基本措施。土壤经过深翻可以改善土壤结构,提高保水、保肥能力,改善根系环境,达到增强树势,提高产量的目的。土壤深翻适宜在采果后至落叶前进行,深度应在 80～100 厘米。此时被切断的根系容易愈合,发出大量新根,如果结合施基肥,有利于树体吸收、积累养分,提高树体耐寒力,也为来年生长和结果打下基础。常用的深翻方式主要有以下几种:

(1)全园深翻:一般应在建园前或幼树期全园深翻一次,深度在 80～100 厘米。全园深翻用工量大,但深翻后便于平整土地和以后的操作。

(2)行间深翻:行间深翻对核桃根系伤害较小,每年在每行树冠投影以外开深 60～80 厘米的沟,埋入秸秆等有机肥。也可隔一行翻一行,下一年再翻另一行,这样工作量相对于全园深翻要小。

(3)深翻扩穴:深翻扩穴又叫放树窝子。幼树栽植后,根据根系生长情况,逐年向外深翻,扩大定植穴,直到翻遍全园。这样用工少,但需要的时间长,要几年才能完成。

2. 压土与掺沙

压土与掺沙是常用的土壤改良方法,具有改良土壤结构、改善根基环境、增厚土层等作用。北方寒冷地区一般在晚秋初冬进行,可起保温防冻的作用。压土掺沙后,土壤熟化、沉实,有利于核桃生长发育。

压土厚度要适宜,过薄起不到压土作用,过厚对核桃生长发育不利,"沙压黏"或"黏压沙"时一定要薄一些,不要超过 10 厘米。连续多年压土,土层过厚会抑制核桃根系呼吸,从而影响核桃生长和发育,造成根部腐烂,树势衰弱。压土、掺沙应结合增施有机肥,并进行深翻,使新旧土、沙土混匀。

3. 中耕、除草

中耕和除草是核桃园土壤管理中经常采用的两项紧密结合的技术措施,中耕是除草的一种方式,除草也是一种较为简单的中耕。

(1)中耕:中耕可以改善土壤温度和通气状况,消灭杂草,减少养分、水分竞争,造就深、松、软、透气和保水保肥的土壤环境,以促进根系生长,提高核桃园的生产能力。中耕在整个生长季可进行多次,早春解冻后及时耕耙或浅刨全园,并结合镇压,以保持土壤水分,提高土壤温度,促进根系活动。秋季可进行深中耕,使干旱地核桃园多蓄雨水,涝洼地核桃园可散墒,防止土壤湿度过大及通气不良。

(2)除草:在不需要进行中耕的果园可单独进行。杂草不但与核桃树竞争养分,有的还是病菌的中间寄主和害虫的栖息地,容易导致病虫害蔓延。因此,需要经常进行除草工作,除草宜选择晴天进行。

4. 果园生草

果园生草是发达国家成功的果园管理技术,目前在我国也开始推广使用。生草法能够显著、快速地提高土壤有机质含量,改善土壤结构,增加害虫天敌数量,有利于保持果园的生态平衡。果园生草可减少土壤表层温度的变幅，并起到保持水土的作用，有利于核桃根系生长发育和提高坚果品质。生草还可提高核桃树对钾和磷的吸收，减少核桃缺钾、缺铁症的发生。

(1)选择草种的原则：

①以低秆、生长迅速、有较高的产草量、在短时间内地面覆盖率高的牧草为主。所采用的草种以不影响果树的光照为宜，一般高度在50厘米以下。须根系草较好，尽量选用主根较浅的草种，这样不至于造成与果树争肥争水的矛盾。一般禾本科植物的根系较浅，须根多，是较理想的草种。

②与果树没有相同的病虫害。所选种的草，最好能成为害虫天敌的栖息地。生草的草种覆盖地面的时间长，而旺盛生长的时间短，可以减少与果树争肥争水的时间。

③要有较好的耐阴性和耐践踏性。

④繁殖简便，管理省工，适合机械化作业。

⑤在生产上选择草种时，不可能完全适合上述条件，但最主要的是选择生长量大、产草量高、覆盖率大和覆盖速度快的草种。也可选用两种牧草同时种植，以起到互补的作用。

(2)生草栽培应注意的问题：

①果园生草与杂草控制的问题。果园生草虽然选择具

有较强生长优势的草种,但在生草初期仍存在滋生杂草问题,尤其是恶性草危害很大,应注意及时清除。只有生草充分覆盖地面后,才可控制杂草发生。

②果园生草与核桃树争夺肥水问题。这是果园生草栽培存在的主要矛盾之一,可选择浅根性的豆科草和禾本科草,并在草旺时期长期补水补肥,同时应在旱季来临前及时割草覆盖,减少蒸腾量。

③果园生草与果园病虫害问题。一般而言,生草为病虫害提供了食料和遮掩场所,会加重病虫害发生,但同时也有利于滋生和保护病虫天敌,减轻病虫害。调查与试验证明,天敌对病虫害的控制作用大于病虫害造成的危害。

④长期生草影响土壤的通透性。除经常刈割外,一般每隔2年左右对草坪局部更新,5年左右要全园更新深翻,可基本解决土壤通透性问题。

⑤果园生草最好与滴灌相结合。行间生草后,如果进行普通灌溉,由于草的阻拦,难以进行。

(3)果园生草常用的草种:

①白三叶草。多年生牧草,豆科植物,耐践踏性强,再生性好,有主根,但较浅。侧根旺盛,主要分布在20～30厘米深的土层中。根上生有根瘤,固氮能力较强。喜温暖、湿润气候,耐寒性和耐热性强,在−20～−15 ℃能安全越冬,夏季可耐40 ℃高温。可在沙壤土、砂土和壤土上生长,喜

酸性土壤,不耐盐碱。

②扁茎黄芪。多年生豆科植物,主根不深,侧根发达,主要分布在15~30厘米深的土层中。侧根上根瘤量较大,固氮能力强,是改良贫瘠土壤最好的生草种类。对土壤适应性强,耐旱、耐瘠薄、耐阴、耐践踏性强。植株生长量大,1年可刈割2~3次。

③扁蓿豆。又名野苜蓿、杂花苜蓿,多年生豆科植物,主根不发达,多侧根,根上有根瘤。茎高一般为20~55厘米,多平卧,分枝多,耐干旱、耐寒、耐瘠薄,土壤适应性强,生长旺盛的1年可刈割2次以上。

④多变小冠花。多年生豆科植物,主根发达、粗壮,侧根发达且密生根瘤,有较强的固氮能力。根上不定芽再生能力强,根蘖较多。茎多匍匐生长,节间短,多分枝,节上易生不定根。适应性强,耐旱、耐寒、耐瘠薄、耐阴、耐践踏,产草量大,生长旺盛。可用种子繁殖,也可用根蘖繁殖。

⑤草地早熟禾。多年生禾本科植物,具有须根,有匍匐根茎。茎直立,一般高25~50厘米,适应性强,喜温暖和较温暖的气候,耐寒、耐旱、耐瘠薄、耐阴、耐践踏。根茎繁殖很快,分蘖量大,一般一株可分出40~60个分蘖,最多可分出150个以上。喜在排水良好的黏土地上生长,pH在6~7时生长最好。

5. 树下覆盖

树下覆盖包括覆草和覆地膜,有利于土壤保墒、缓和土壤温差,是近些年发展起来、应用广泛的保墒、调温和肥土的土壤管理方法。

覆草可改良土壤质地,提高土壤的有机质含量,减少土壤水分蒸发,调节地温,抑制杂草等。一年四季都可进行,但以夏末秋初为宜。覆草前应适量追施氮肥,随后及时浇水或趁降雨追肥后覆盖。覆草厚度以 15～20 厘米为宜,为了防止大风吹散草或引起火灾,覆草后要斑点状压土,但切勿全面压土,以免造成通气不畅。覆草后由于逐年腐烂,草量减少,要不断补充新草。树下覆草平地和山地果园均可采用。

地膜覆盖具有增温、保温、保墒、提墒、抑制杂草等功能,有利于核桃树生长发育。尤其是新栽幼树,覆膜后成活率提高,缓苗期缩短,越冬抗寒能力增强。覆膜时期一般选择在早春,最好是春季追肥、整地、浇水或降雨后趁墒覆膜。覆膜时,膜的四周用土压实,膜上斑点状压土,以防风吹和水分蒸发。

6. 核桃园间作

幼龄核桃园内间作是我国的传统习惯,已成为核桃发展的主要形式之一,并且引起科技工作者和国外核桃栽培者的重视。间作可形成生物群体,群体间可互相依存,还可改善微区气候,有利于幼树生长,并可增加收入,提高土地利用率。间作作物种类和间作方式以不影响幼树生长发育为原则,间作方式有水平间作和立体间作两种。

盛果期核桃园,在不影响核桃树生长发育的前提下也可种植间作物。种植间作物,应加强树盘肥水管理,尤其是在作物与树竞争养分剧烈的时期,要及时施肥灌水。

间作物要与树保持一定距离,尤其是播种多年生牧草,更应注意。多年生牧草根系强大,应避免其根系与树根系交叉,加剧争肥争水的矛盾。间作物植株矮小,生育期较短,适应性强,与树需水临界期最好能错开。在北方没有灌溉条件的果园,耗水量多的宽叶作物(如大豆)可适当推迟播种期。选择的间作物要具有与果树没有共同病虫害、比较耐荫和收获较早等特点。

为了避免间作物连作所带来的不良影响,需根据各地具体条件制定间作物轮作制度。轮作制度因地而异,选中耕作物轮作较好。

(二)施肥技术

在实际的核桃生产管理中,经验施肥、参照施肥、随意施肥及不施肥等施肥不合理的问题普遍存在,造成施肥不足或过量,达不到精准施肥标准,严重制约了核桃产业健康发展。造成这一现象的重要原因之一是尚未制定全面有效、统一的施肥标准。氮、磷、钾是果树生长发育过程中所必需的大量元素。目前,国内外已经在苹果、柑橘、桃等主要果树上进行了施肥量与果树生长和果实品质相关研究,发现施用适量氮、磷、钾肥能够促进果树花芽分化,提高坐果率,增加单果平均质量等。

1. 科学施肥

我国多地核桃园土壤中的有机质含量较低,一般低于0.9%。东北平原地区的土壤有机质含量最高,达2.5%～5.0%;华北平原土壤有机质平均含量低,为0.5%～0.8%。土壤中所含的大量元素、微量元素不能满足果树正常生长发育的需求。

由于各地自然条件差异较大,土壤中累积和贮藏的养分数量很少,只能供应核桃生长发育需要的少量养分。要想获得优质、高产,必须向土壤中施用一定数量的各种营养元素。因此,根据土壤和叶片营养元素测定的结果,进行科学施肥,是满足核桃生长发育需要的重要措施。

2. 施肥依据

(1)需肥特性:核桃植株高大,根系发达,寿命长,需肥量(尤其是需氮量)要比其他果树多1～2倍。根据法国和美国的研究成果,每产100千克坚果,要从土壤中吸收氮1.456千克、磷0.187千克、钾0.47千克、钙0.155千克、镁0.039千克,比生产100千克梨所需的氮、磷、钾分别高225.55%、6.5%和4.44%,比生产100千克柑橘所需的氮、磷、钾分别高144.17%、70.0%和17.5%。我国过去种植核桃无施肥习惯,因而不能满足优质、丰产对营养的需要。

(2)树相诊断:根据果树的外部形态判断某些营养元素的盈亏,指导施肥。常见的核桃缺素症和毒害症表现如下:

①氮。氨基酸、蛋白质的主要构成元素,也是叶绿素、核酸、酶及植物体内重要代谢有机化合物的组成成分。缺氮植株生长期开始叶色较浅,叶片小而稀少,叶片发黄,常提前落叶,新梢生长量降低,严重者植株顶部小枝死亡,产量明显下降。但是干旱和其他逆境也可能发生类似现象。

②磷。细胞核的主要构成元素,也是构成核酸、磷脂、酶和维生素的重要元素。缺磷时,树体衰弱,叶子稀疏,叶片比正常叶略小,并出现不规则的黄化和坏死部分,落叶提前,果少且小。

③钾。多种酶的活化剂,在气孔运动中起重要作用。缺钾症状多表现在枝条中部叶片上,开始时叶片变灰白(类似缺氮),然后小叶叶缘呈波状并内卷,叶背呈现淡灰色,叶子和新梢生长量降低,坚果变小。

④钙。构成细胞壁的重要元素。缺钙时,根系短粗,弯曲,尖端易褐变枯死。地上部首先表现在幼叶上,叶小、扭曲、叶缘变形,并经常出现斑点或坏死,严重的枝条枯死。

⑤铁。主要与叶绿素的合成有关。缺铁使幼叶失绿,叶肉呈黄绿色,叶脉仍为绿色,严重缺铁时叶小而薄,呈黄色或乳白色,甚至发展成烧焦状并脱落。铁在植物体内不易移动,因此最先表现缺铁症状的是新梢顶部的幼叶。

⑥锌。多种酶的组成元素,能促进生长素的形成。缺锌时,植物体内吲哚乙酸减少,生长受到抑制,表现为枝条顶端的芽萌芽期延迟,叶小而黄,呈丛生状,俗称"小叶症"。新梢细,节间短。严重时叶片从新梢基部向上逐渐脱落,枝条枯死,果实变小。

⑦镁。叶绿素的主要组成元素。缺镁时,叶绿素不能形成,表现出"失绿症"。首先在叶尖和两侧叶缘处出现黄化,并逐渐向叶柄基部延伸,留下 V 形绿色区,黄化部分逐渐枯死呈深绿色。

⑧硼。促进花粉发芽和花粉管生长,并与多种新陈代谢有关。缺硼时,树体生长缓慢,枝条纤细,节间变短,小叶呈不规则状,有时叶小呈萼片状,严重时顶端抽条死亡。症状首先表现在叶尖,并逐渐扩向叶缘,使叶组织坏死。严重时坏死部分扩大至叶内缘的叶脉之间,小叶的边缘上卷,呈烧焦状。幼果易脱落,空壳多。硼过量可引起中毒。

⑨锰。作为酶的活化剂,锰直接参与光合作用、呼吸作用等生化反应,在叶绿素合成中起催化作用。缺锰时,表现出独特的褪绿症状,叶片失绿,叶脉之间为浅绿色,叶肉和叶缘出现焦枯斑点,易早落。

⑩铜。与锌一样,铜是一些酶的组成成分,对氮代谢有重要影响。缺铜时,新梢顶端的叶片先失绿变黄,后出现烧焦状,枝条轻微皱缩,新梢顶部有深棕色小斑点。果实轻微

变白,核仁萎缩。

(3)营养诊断:先进国家广泛采用营养诊断方法确定和调整果树施肥量。营养诊断能及时准确地反映树体内部的营养状况,不仅能查出症状,分析出多种营养元素的含量,分辨两种不同元素引起的相似症状,而且能在症状出现之前提前测知。因此,借助营养诊断可及时施入适宜的肥料种类和数量,保证果树正常生长和结果。

营养诊断是指按统一规定的标准方法测定叶片中矿质元素的含量,经过与标准值比较,确定该元素的盈亏,再依据当地土壤养分状况、肥效指标和矿质元素的相互作用,制定施肥方案和肥料配比。

3. 肥料种类

肥料一般可分为有机肥料和化学肥料两种。

(1)有机肥料:有机肥料由有机物经过堆积、腐熟而成,能够在较长时间内持续供给树体生长发育所需要的养分,并能在一定程度上改良土壤性质,主要包括粪肥、土杂肥、堆肥、绿肥、腐殖酸类、海肥类、沼气肥等。这类肥料主要是在农村就地取材、就地配制、就地施用。

(2)化学肥料:化学肥料又叫商品肥料或无机肥料。与有机肥料相比,其特点是成分单一,养分含量高,肥效快,一般不含有机质并具有一定的酸碱性,贮运和使用比较方便。化学肥料种类很多,一般可根据其所含养分、作用、肥效快慢、对土壤溶液反应的影响等分类。按其所含养分可划分为氮肥、磷肥、钾肥和微量元素肥料,其中只含有一种有效养分元素的肥料称为单质肥,同时含有氮、磷、钾三种元素中的两种或两种以上的肥料称为复合肥。

4. 施肥时期

肥料的施用时期与肥料的种类和性质、肥料的施用方法、土壤条件、气候条件、果树种类和生理状况有关,一般的原则是及时满足果树需要,提高肥料利用率,尽量减少施肥次数。

(1)基肥:基肥是供核桃树全年生长发育的基础肥料,也是当年结果后恢复树势和翌年丰产的物质保证。基肥施用的最适宜时期是秋季(采果后至落叶前 1 个月),其次是落叶至封冻前、春季解冻至发芽前。秋施基肥能有充足的时间腐熟,并使断根愈合发出新根。

(2)追肥:又叫补肥,在核桃需肥急迫的时期必须及时补充,以满足核桃生长发育的需要。追肥在树体生长期进行,以速效性肥料为主。

追肥一般每年进行 2~3 次,第 1 次在核桃开花前或展叶初期进行,以速效氮为主。主要作用是促进开花坐果和新梢生长,追肥量约占全年追肥量的 50%。第 2 次在幼果发育期(6 月份左右),仍以速效氮为主,盛果期也可追施氮、磷、钾复合肥料。此期追肥的主要作用是促进果实发育,减少落果,促进新梢生长和木质化程度的提高,以及花芽分化,追肥量约占全年追肥量的 30%。第 3 次在坚果硬核期(7 月份左右),以磷、钾复合肥为主,主要作用是供给核桃仁发育所需的养分,保证坚果充实饱满,此期追肥量约占全年追肥量的 20%。

5. 施肥量

施肥量的确定是一个十分复杂的问题,牵涉计划产量、土壤类型和养分含量、肥料种类及利用率、气候因素等。平衡施肥是果树发展的方向,平衡施肥的关键是如何估算施肥量,估算方法有地力分区(分级)法、目标产量法和肥料效应函数法等。

(1)地力分区(分级)法:按土壤肥力高低分成若干等级,或划出一个肥力均等的田块作为配方区,利用土壤普查资料和过去的田间试验结果,结合群众经验,估算出这一配方区比较适宜的肥料种类和施用量。

这一方法的特点比较简单粗放,便于应用,但有一定的地域局限性,只适用于那些生产水平差异小、基础较差的地区。

(2)目标产量法:根据核桃产量,由土壤和肥料两个方面供给养分的原理来计算施肥量。这一方法应用最为广泛,其基本估算方法如下:

计划施肥量(千克)=[果树计划产量所需养分总量(千

克)—土壤供肥量(千克)]÷[肥料养分含量(%)×肥料利用率(%)]

果树计划产量所需养分总量(千克)=(果树计划产量÷100)×形成100千克经济产量所需养分的数量

肥料利用率(%)=[(施肥区果树体内该元素的吸收量—不施肥区果树体内该元素的吸收量)÷所施肥料中该元素的总量]×100%

土壤养分供给量(千克)=土壤测定值(毫克/千克)×0.15×矫正系数

矫正系数(即果树对土壤养分的利用率)=(空白区产量×果树单位产量的吸收量)÷[土壤养分测定值(毫克/千克)×0.15]

在应用计划施肥量计算公式时,应从实际出发,按产供肥,不能以肥定产。还需指出,应加强其他管理措施,使施肥与水分管理、病虫防治等农业措施相互配套。肥料利用率受施肥时期、施肥量、释放方法和肥料种类的影响,在目前一般的栽培管理水平下,果园化学肥料氮肥的利用率一般为15%～30%,磷肥的利用率为10%～15%,钾肥的利用率为40%～70%。有机肥料的利用率较低,一般腐熟较好的厩肥或泥肥利用率在10%以下。

6. 施肥方法

(1)环状沟施肥:特别适用于幼树施基肥,方法是在树冠外沿 20～30 厘米处挖宽 40～50 厘米、深 50～60 厘米（追肥时深度为 20～30 厘米）的环状沟,把有机肥与土按 1:3 的比例及一定量的化肥掺匀后填入。随树冠扩大,环状沟逐年向外扩展。此法操作简便,但断根较多。

（2）条状沟施肥:在树的行间或株间或隔行开沟施肥,沟宽、深同环状沟施肥一致。此法适用于密植园施基肥。

（3）辐射沟施肥:从树冠边缘处向内开 50 厘米深、30～40 厘米宽的条沟(行间或株间),或从距树干 50 厘米处开始挖放射沟,内膛沟窄些、浅些(约 20 厘米深、20 厘米宽),冠边缘处宽些、深些(约 40 厘米深、40 厘米宽),每株 3～6 条沟,依树体大小而定。将有机肥、轧碎的秸秆、土(沙土地最好填充一些黏土,黏土地填一些沙或砾石)混合,根据树体大小可再向沟中放入适量尿素(一般 50～100 克,或浇人粪尿)、磷肥,根据土壤养分状况可再向沟中选择加入适量硫酸亚铁、硫酸锌、硼砂等,然后灌水,最好再结合覆草或覆膜。沟中透气性好,养分富足且平衡,而且在大量有机质存在的前提下,微量元素、磷的有效率高,有机质、秸秆还可以作为肥水的载体,增强沟穴的保肥保水、供水供肥能力,肥水稳定,就好像形成了一个大的团粒,为沟中根系创造了最佳的环境条件。在追肥时也可开浅沟,沟长度与树的枝展相同,深度 10～15 厘米,将肥料均匀撒入沟中并与土掺匀,切忌施用大块化肥,以免烧根,然后覆土浇水,也可雨后趁墒情好时追化肥。

(4)地膜覆盖、穴贮肥水法:3月上中旬至4月上旬整好树盘后在树冠外沿挖深35厘米、直径30厘米的穴,穴中加一直径20厘米的草把(玉米秸、麦秸、稻秸、高粱秸均可),高度低于地面5厘米(即长30厘米),先用水泡透,放入穴内,填上土与有机肥的混合物,然后灌营养液4千克。穴的数量视树冠大小而定,一般5～10年生树挖2～4个穴,成龄树6～8个穴。然后覆膜,将穴中心的地膜戳一个洞,平时用石块封住防止水分蒸发。由于穴低于地面5厘米,降雨时可使雨水顺孔流入穴中。如不下雨,每隔半个月左右浇4千克水,进入雨季后停止灌水,在花芽生理分化期可再灌一次营养液。

这种追肥方法断根少,肥料施用集中,减少了土壤的固定作用,并且草把可将一部分肥料吸附,从而延长了肥料作用时间,而且腐烂后可增加土壤有机质,再加上覆膜,可以提高土温,促使根系活动,利于及早发挥肥效。这种施肥方法可以节省肥水,比一般的土壤追肥可少用一半的肥料,是经济有效的施肥方法,增产效应大,施肥穴每隔1～2年改动一次位置。

(5)全园施肥:此法适用于根系已布满全园的成龄树或密植园。将肥料均匀地撒入果园,再翻入土中。该方法因施肥较浅(20厘米左右),易导致根系上浮,降低根系对不良环境的抗性。此法最好与放射沟施肥交替使用。

连年覆草的果园,草每年可腐烂一部分,形成腐殖质,增加了土壤有机质含量,可以不施用有机肥,仅追施些氮、磷、钾肥即可,有缺素症的则补充该元素的肥料。

(6)叶面喷肥:果树除了通过根系吸收养分外,还可通过枝条、叶片等吸收养分,这种枝条或叶面施肥又称根外施肥。采取根外施肥,把握好肥料种类、浓度、时期、次数、部位等环节,可以弥补根系吸肥不足,可取得较好的增产效果。

果树根外追肥不仅可在生长季进行,也可在休眠期进行。休眠期根外追肥的浓度为 $1\%\sim5\%$,生长季的浓度为 $0.1\%\sim0.5\%$,对浓度敏感的树种及微量元素肥料的浓度应低些。

7. 施肥与水分管理

果树营养状况与土壤水分含量关系密切。果园土壤中的矿质元素只有溶解在水中,才能扩散到根系表面,进入果树根系的养分很大部分是随着蒸腾作用被运输到地上部发挥作用。多数矿质元素的有效性与土壤水分关系密切,在干旱条件下其有效性大大降低,如硼、钙等元素在干旱条件下,其有效性大大降低。但若土壤水分过多,不仅制约根系生长,而且造成土壤养分流失。特别是水溶性强的氮、钾等元素,在土壤水分过多的情况下,随水积聚在较深的土层中,而这一层次的果树根系由于积水而吸收能力极差,果树会因此表现出暂时性缺素症。因此,加强果园水分管理,不仅对根系生长有利,而且与养分有效利用关系密切,施肥与水分管理密不可分。

(三)水分管理

核桃较耐干燥的空气,但对土壤水分很敏感,灌水是增产的一项有效措施。在生长期间若土壤干旱缺水,则坐果率低,果皮厚,种仁发育不饱满。施肥后如不灌水,不能充分发挥肥效。因此,遇到干旱时要及时灌水。

核桃树枝、叶、根中的水占50%左右,叶片进行光合作用、光合产物的运送和积累、维持细胞膨胀压、保证气孔开闭、蒸腾作用、调节树体温度、矿质元素进入树体等一切生命活动都必须在有水的条件下进行。水分是影响树体生长发育、制约产量高低及质量优劣的重要因素。

核桃树年生长周期中,果实发育期和硬核期需要较多的水分,供水不足会引起大量落果,核仁不饱满,影响产量和品质。缺水则萌芽晚或发芽不整齐,开花坐果率低,新梢生长受阻,叶片小,新梢短,树势弱。年降水量600毫米以上可基本满足普通核桃的需求,季节降水很不均匀、有春旱的地区必须设法灌水。核桃树新梢停止生长,进入花芽分化期,需水量相对减少,此时水多对花芽分化不利。果实发育期间要求供水均匀,临近成熟期水分忽多忽少会导致品质下降、采前落果。生长后期枝条充实、果实体积增大,也需要适宜的水分,干旱影响营养物质的转化和积累,降低果树越冬能力。

核桃树所需之水来源于土壤,表示土壤水分丰缺常用的指标是田间持水量。当土壤含水量为田间最大持水量的60%左右时,最适宜核桃树生长。若水分含量达到了田间最大(饱和)持水量,说明土壤的有效水已经超过上限,常出现徒长等湿害现象,甚至死亡。当核桃树从土壤中吸收的水不足蒸腾消耗时,枝叶暂时萎蔫,此时的土壤水分含量降至凋萎点(萎蔫系数),为土壤有效水的下限,需给树体补水,一般核桃园在土壤含水量降至田间持水量的50%左右时灌溉。如果长时间发生凋萎现象,说明树体已经受害,果实产量和质量降低,再供水也无济于事。

如果土壤中的水分过多,土壤孔隙全被水占满(这在降大雨、暴雨或大水漫灌后常出现),根系所需的氧气会被全部挤出,根停止活动,地上部所需的水分和矿质养分中断供应,核桃即出现涝害。积水时间越长,根系死亡越多。积水土壤中的氧化过程受阻,还原物质(如 CH_4、H_2S 等)积累,使核桃中毒,这是涝害的又一原因。

1. 灌水时期与灌水量的确定

(1)灌水时期:确定果园的灌溉时期,一要根据土壤含水量,二要根据核桃树的物候期及需水特点。一般生长期要求土壤含水量低于 60％时灌溉；当超过 80％时，则需及时中耕散湿或开沟排水。具体实施灌溉时，要分析当时、当地的降水状况，核桃的生育时期和生长发育状况。灌溉还应结合施肥进行。核桃应灌顶凌水和促萌水，并在硬核期、种仁充实期及封冻前灌水。

①萌芽水。3～4 月份核桃树开始萌动、发芽抽枝，此期物候变化快而短，几乎在 1 个月的时间里要完成萌芽、抽枝、展叶和开花等生长发育过程，此时又正值北方地区春旱少雨时节，故应结合施肥灌水。

②花后水。在 5～6 月份，雌花受精后，果实迅速进入速长期，其生长量约占全年生长量的 80％。到 6 月下旬，雌花也开始分化，这段时期需要大量的养分和水分供应。如遇干旱应及时灌水，以满足果实发育和花芽分化对水分的需求。特别在硬核期（花后 6 周）前，应灌一次透水，以确保核仁饱满。

③采后水。10 月末 11 月初（落叶前）可结合秋施基肥灌一次水，此次灌水有利于土壤保墒，且能促进基肥分解，增加冬前树体养分贮备，提高幼树越冬能力，也有利于翌春萌芽和开花。

（2）灌水量的确定：确定合理的灌水量，一要根据树体本身的需要；二要看土壤湿度状况；三要考虑土壤的保水能力及需要湿润的土层深度，生产中可根据土壤含水量的测定结果或经验判断是否需要灌水。

每次灌水以湿润主要根系分布层的土壤为宜,不宜过大或过小,既不造成渗漏浪费,又能使主要根系分布范围内有适宜的含水量和必要的空气。具体计算一次的灌水用量时,要根据气候、土壤类型、树种、树龄及灌溉方式确定。核桃树的根系较深,需湿润较深的土层,在同样立地条件下用水量要大。成龄树结果需水多,灌水量宜大;幼树和旺树可少灌或不灌。沙地漏水,灌溉宜少量多次;黏土地保水力强,可一次适当多灌,加强保墒而减少灌溉次数。盐碱地灌水,注意不要接上地下水。

2. 核桃园常用的灌水方法

根据输水方式,果园灌溉可分为地面灌溉、地下灌溉、喷灌和滴灌等。目前大部分果园仍采用地面灌溉,干旱山区多数为穴灌或沟灌,少数果园用喷灌、滴灌,个别用地下管道渗灌。

(1)地面灌溉:

①漫灌法。最常用的灌水方法,在水源充足,靠近河流、水库、塘坝、机井的果园,在园边或几行树间修筑较高的畦埂,通过明沟把水引入果园。地面灌溉灌水量大,湿润程度不匀。这种方法易灌水过多,加剧了土壤中的水、气矛盾,对土壤结构也有破坏作用。在低洼及盐碱地,还有抬高地下水位、使土壤泛碱的弊端。

②畦灌。以单株或一行树为单位筑畦,通过多级水沟把水引入树盘进行灌溉。畦灌用水量较少,也比较好管理,有漫灌的缺点,只是程度较轻,在山区梯田、坡地普遍采用。

③穴灌。根据树冠大小,在树冠投影范围内开 6~8 个直径 25~30 厘米、深 20~30 厘米的穴,将水注入穴中,待水渗后埋土保墒。在灌过水的穴上覆盖地膜或杂草,保墒效果更好。

④沟灌。地面灌溉中较好的方法,即在核桃行间开沟,把水引入沟中,靠渗透湿润根际土壤。此方法既节省灌溉用水,又不破坏土壤结构。灌水沟的多少依栽植密度而定,在稀植条件下,每隔 1.0~1.5 米开一条沟,宽 50 厘米、深 30 厘米左右。密植园可在两行树之间只开一条沟,灌水后平沟整地。

(2)地下灌溉(管道灌溉):借助于地下管道,把水引入深层土壤,通过毛细管作用逐渐湿润根系周围。此方法用水经济,节省土地,不影响地面耕作。整个管道系统包括水塔(水池)、控水枢纽、干管、支管和毛管,各级管道在园中交织成网状排列,管道埋于地下 50 厘米处。通过干管、支管把水引入果园,毛管铺设在行间或株间,管上每隔一段距离留有出水小孔(或其他新材料渗透水)。灌溉时,水从小孔渗出湿润土壤。控水枢纽处设有严密的过滤装置,防止泥沙、杂物进入管道。山地果园可把供水池建在高处,依靠自压灌溉;平地果园则需修建水塔,通过机械扬水加压。

干旱缺水的山区可使用果树皿灌器,以红黏土为主,配合适量的褐、黄、黑土及耐高温的特异土,烧成三层复合结构的陶罐。罐的口径及底径均为 20 厘米,罐径及高皆为 35 厘米,壁厚 0.8～1.0 厘米,容水量约 20 千克。应用时将陶罐埋于果树根系集中分布区,两罐之间相距 2 米。罐口略低于地平面,注水后用塑膜封口。一般情况下,每年 4 月上旬、5 月上旬、5 月末 6 月初及 7 月末 8 月初各灌水一次,共四次。陶罐渗灌可改良土壤理化性状,有利于果树生长结果。在水中加入微量元素(铁、锌等)还能防止发生缺素症,适合在山地、丘陵及水源紧缺的果园推广。

(3)喷灌:整个喷灌系统包括水源、进水管、水泵站、输水管道、竖管和喷头等。应用时可根据土壤质地、湿润程度、风力大小等调节压力、选用喷头及确定喷灌强度,以便达到既无渗漏、无径流损失,又不破坏土壤结构,同时能均匀湿润土壤的目的。喷灌节约用水,用水量是地面灌溉的 1/4,保护土壤结构;调节果园小气候,清洁叶面,霜冻时还可减轻冻害;炎夏喷灌可降低叶温、气温和土温,防止高温、日灼伤害。

(4)滴灌:整个系统包括控制设备(水泵、水表、压力表、过滤器、混肥罐等)、干管、支管、毛管和滴头等。具有一定压力的水,从水源经严格过滤后流入干管和支管,把水输送到果树行间,围绕树株的毛管与支管连接,毛管上安有 4～6 个滴头(滴头流量一般为 2～4 升/时)。水通过滴头源源不断地滴入土壤,使果树根系分布层的土壤一直保持最适宜的湿度状态。滴灌是一种用水经济、省工、省力的灌溉方法,特别适用于缺少水源的干旱山区及沙地。应用滴灌比喷灌节水 36%～50%,比漫灌节水 80%～92%。由于供水均匀、持久,根系周围环境稳定,十分有利于果树生长发育。但滴头易发生堵塞,更换及维修困难。长时间使用滴灌,土壤水分过饱和,易造成湿害。滴灌间隔期应根据核桃生育进程的需求确定,通常不出现萎蔫现象时,无须过频灌水。

3. 蓄水保墒方法

(1)薄膜覆盖:一般在春季 3～4 月份进行。覆盖时,可顺行覆盖或只在树盘下覆盖。覆盖能减少水分蒸发,提高根际土壤含水量,盆状覆膜具有良好的蓄水效果。覆膜能提高土壤温度,有利于早春根系生理活性的提高,促进微生物活动,加速有机质分解,增加土壤肥力,还能明显提高幼树栽植的成活率,促进新梢生长,有利于树冠迅速扩大。

(2)果园覆草:一年四季均可进行,以夏季(5 月份)为好。提倡树盘覆草,新鲜的覆盖物最好经过雨季初步腐烂后再用。覆草后有不少害虫栖息在草中,应注意向草中喷药,以达到集中诱杀的效果。秋季应清理树下的落叶和病枝,防治早期落叶病、潜叶蛾和炭疽病等病虫害。不少平原地区的果农总结改进了果园覆草技术,即采用夏覆草、秋翻埋的树盘覆草方法,每年5月份进行,用草量1 500千克左右,厚度5厘米左右,秋施基肥时翻入地下。

（3）使用保水剂:保水剂是一种高分子树脂,外观像盐粒,无毒,无味,为白色或微黄色中性小颗粒。遇到水后,能在极短的时间内吸足水分,其颗粒吸水后能膨胀350～800倍,形成胶状物,即使对它施加压力,也不会把水挤出。把它掺入土壤中,就像一个贮水的调节器,降水时贮存雨水,并把水分牢固地保持在土壤中;干旱时释放水分,持续不断地供给果树根系吸收。保水剂本身因释放出水分而不断收缩,逐渐腾出了所占据的空间,有利于增加土壤中的空气含量,避免由于灌溉或雨水过多而造成土壤通气不良。保水剂不仅能吸收雨水和灌溉水,还能从大气中吸收水分,能在土壤中反复吸水,可连续使用3～5年。

4.防涝排水

果园排水系统由小区内的排水沟、小区边缘的排水支沟和排水干沟三部分组成。

排水沟挖在果园行间,把地里的水排到排水支沟中去。排水沟的大小、坡降以及沟与沟之间的距离,要根据地下水位的高低、雨季降雨量的多少而定。

排水支沟位于果园小区的边缘,主要作用是把排水沟中的水排到排水干沟中去。排水支沟要比排水沟略深,沟的宽度可以根据小区面积大小而定,小区面积大的可适当宽些,小区面积小的可以窄些。

排水干沟挖在果园边缘,与排水支沟、自然河沟连通,把水排出果园。排水干沟比排水支沟要宽些、深些。

有泉水的涝洼地,或上一层梯田的渗水汇集到果园而形成的涝洼地,可以在涝洼地的上方开一条截水沟,将水排出果园。也可以在涝洼地里面用石块砌一条排水暗沟,使水由地下排出果园。因树盘低洼而积涝的,可结合土壤管理,在整地时加高树盘土壤,使之稍高出地面,以解除树盘低洼积涝。

六 整形修剪技术

整形与修剪是核桃园的重要技术管理措施。早实核桃具有分枝力强、结果早、易抽二次枝的特性,疏于管理容易造成树体结构紊乱、光照不良和结果部位外移等问题。为了培养丰产、稳产的树形和牢固的骨架,主枝和各级侧枝在树冠内部应合理分布,优化通风透风条件,以达到壮树、早结果和多结果的目的,为丰产稳产打下良好基础。

(一)整形技术

整形是指在核桃树树冠形成过程中通过修剪等措施,培养具有合理结构和有利于生长、结果的良好树形。

1. 主干培养

主干是指树体从根颈到第 1 个主枝基部之间的部分。主干的高低与树冠高度、通风透光、生长结实、栽培管理、间作方式等有密切关系,应根据品种特性、生长发育特点、栽培条件和栽培方式等确定。早实核桃结果早,树体较小,定干高度一般在 1.2~1.5 米,密植丰产园定干高度可为 1.0 米,果材兼用型核桃定干高度可在 3.0 米以上。

2. 培养树形

树体骨架结构是形成树形的基础,良好的树形应该是结构均衡合理、充分占用空间、最大限度地利用光能、有利于生长和结果,并具有足够的承载能力。树体结构由主干和主枝、侧枝构成。培养树形主要靠选留主、侧枝和处理各级枝条的从属关系实现,常见的核桃树形主要有主干分层形,自然开心形和主干形。

(1)主干分层形:

①树形特点。有明显的中心干,干高 1.0~1.2 米,平原地干高可为 1.2~1.5 米。中心干上着生主枝 5~7 个,分为 2~3 层。第一层三大主枝,层内距 20~40 厘米(主枝要邻近,不要邻接,防止"掐脖"),主枝基角为 70°,每个主枝上有 3~4 个一级侧枝。第二层两大主枝,第三层 1 个主枝。第 1~2 层主枝相距 80~120 厘米,树高 5~6 米。成形后,树冠为半圆形,枝条多,结果面积大,通风透光良好,产量高,寿命长。适用于立地条件和管理水平较高的果园。

②树形的培养(图 6-1)。

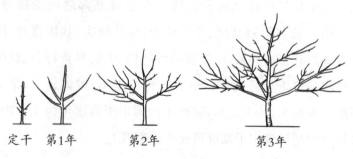

定干　第1年　　　第2年　　　　　第3年

图 6-1　主干分层形整形过程

第一,定干方法。定干当年或第2年,在主干定干高度以上选留三个不同方位、水平夹角约120°,且生长健壮的枝或已萌发的壮芽培养为第1层主枝,层内距离大于20厘米。1～2年完成选定第1层主枝。如果选留的主干顶部与主干延长枝顶部接近或第1层主枝的层内间距过小,容易削弱中央领导干的生长,甚至出现"掐脖"现象,影响主干的形成。当第1层预选为主枝的枝或芽确定后,只保留中央领导干延长枝的顶枝或芽,其余枝、芽全部剪除或抹掉。

第二,一、二层主枝选留方法。一、二层的层间距为60～80厘米。在一、二层间距以上已有壮枝时,可选留第2层主枝,一般为1～2个。同时,可在第1层主枝上选留侧枝,第1个侧枝距主枝基部的距离为40～60厘米。选留主枝两侧向斜上方生长的枝条1～2个作为一级侧枝,各主枝间的侧枝方向要互相错落,避免交叉、重叠。

第三,各层侧枝选留方法。继续培养第1层主、侧枝和选留第2层主枝上的侧枝。由于第2层与第3层之间的层间距要求大一些,可延迟选留第3层主枝。如果只留两层主枝,第2层主枝为2～3个,两层的层间距,早实核桃1.5米左右,并在第2层主枝上方适当部位落头开心。

第四,继续培养各层主枝上的各级侧枝,7～8年生时开始选留第3层主枝1～2个,第2层与第3层的层间距

1.5 米左右,并从最上一个主枝的上方落头开心。至此,主干形树冠骨架基本形成。

（2）自然开心形:

①树形特点。干高 1.0～1.2 米,平原地区干高可为 1.2～1.5 米。无明显的中心主干,不分层次,一般都有 2～4 个主枝。树形成形快,结果早,整形容易,便于掌握。适用于土层较薄、土质较差、肥水条件不良的地区和树形开张、干性较弱、密植栽培的早实品种。自然开心不分层次,可留 2～4 个主枝,每个主枝选留斜生侧枝 2～3 个（图 6-2）。

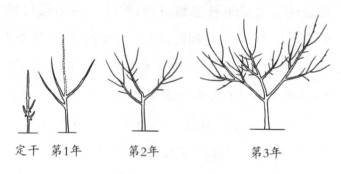

定干　第1年　　　　第2年　　　　　　第3年

图 6-2　开心形整形过程

②树形的培养。

第一,在定干高度以下留出 3～4 个芽的整形带。在整形带内,按不同方位选留 2～4 个枝条或已萌发的壮芽作为主枝。各主枝基部的垂直距离无严格要求,一般为 20～40 厘米。主枝可分 1～2 次选留。各主枝的水平距离应一致或相近,并保持每个主枝的长势均衡。

第二，各主枝选定后，开始选留一级侧枝。由于开心形树形主枝少，侧枝应适当多留，即每个主枝应留侧枝3～4个。各主枝上的侧枝要上下错落，均匀分布。第一侧枝距主干的距离为0.5～0.7米。

第三，五年生时，开始在第一主枝一级侧枝上选留二级侧枝1～2个，第二主枝一级侧枝选留2～3个。第二主枝上的侧枝与第一主枝上的侧枝的间距为0.8～1.0米。至此，开心形的树冠骨架基本形成。

（3）主干形：

①树形特点。干高1.0～1.2米，树高3.0～3.5米，中心干直立，10～12个主枝螺旋状生长于中心干上。主枝基角90°，梢角大于90°，相邻主枝在中心干上的距离大于15厘米。主枝与中心干粗度比小于0.4，保持中心干的优势。主枝单轴延伸，其上直接着生结果枝组，以短果枝和小型结果枝组为主。该树形树体紧凑，早产丰产，易管理（图6-3）。

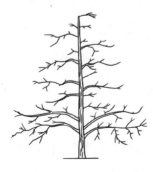

图6-3　主干形树形

②树形培养。

第一,核桃苗定植后,芽萌动时进行定干,剪口离第1个芽2厘米左右,剪口涂抹聚乙烯醇胶。抹除剪口下第2个芽及干高以下的芽,剪口至干高保留3~5个芽。当侧生新梢长到60厘米左右时,拉枝开角至水平状态,控制其伸长生长,促使中心干延长梢生长。

第二,定干第2年,树体萌芽时,重剪中心干延长枝,抹除剪口下第2个芽,其他侧生枝重短截,疏除间距小于15厘米的侧生枝。当中心干上的侧生新梢长至80厘米左右时(7月中旬),拉枝开角至水平状态。

第三,第3年芽萌动前,中心干延长枝轻剪,每隔15~20厘米进行刻芽。中心干上第2年的侧生枝重短截,并疏除间距小于15厘米的侧生枝,7月份新梢长至80厘米左右时拉枝开角至水平状态。

第四,第4年主要是控树高,控背上枝,控侧生枝。在树体上部有分枝处落头开心,保持主枝8~12个;主枝背上萌发的新梢及延长枝上的新梢,根据空间大小,或早疏除或及早回缩控制,保持主枝单轴延伸。

(二)修剪技术

修剪是在整形的基础上继续培养丰产树形的重要措施,也是调节树体营养物质分配、解决营养生长和结果的矛盾的重要方法,目的是均衡树势、提早结果、增加产量。

1.适宜的修剪时期

核桃在休眠期修剪易产生伤流,为了避免伤流损失树体营养,修剪多在春季萌芽后(春剪)和采收后至落叶前(秋剪)进行。河北农业大学、山东省果树研究所、辽宁省经济林研究所、陕西省果树研究所等单位进行了核桃冬剪试验,结果表明,核桃冬剪不仅对生长和结果没有不良影响,而且在新梢生长量、坐果率和树体营养等方面的效果都优于春剪、秋剪。试验认为,在休眠期修剪,主要造成水分和少量矿质元素损失;秋剪则有光合作用和叶片营养尚未回流的损失;春剪有呼吸消耗和新器官形成的损失。相比之下,春剪营养损失最多,秋剪次之,休眠期修剪损失最少。近年,山东省、陕西省及河北省涉县等地在普及休眠期修剪的过程中,均未发现明显的不良影响。因此,在提倡核桃休眠期修剪的同时,应尽可能在萌芽前结束修剪工作。

2.修剪的主要方法

(1)短截与回缩:短截即剪去枝梢的一部分,回缩是在多年生枝上短截。两种修剪方法的作用都是促进局部生长,促进多分枝。修剪的轻重程度不同,产生的反应不同。为提高其角度,一般可回缩到多年生枝有分叉部位的分枝处。

短截一年生枝条时,剪口芽的选留及剪法应根据该芽发枝的位置而定。

(2)疏枝与缓放:从基部剪除枝条的方法称为疏枝,又叫疏除。果树枝条过于稠密时应进行疏枝,以改善透光条件,促进花芽形成。它与短截有完全不同的效应。

缓放也是修剪的一种手法,即抛放不剪截,任枝上的芽自由萌发。既可以缓和生长势,还有利于腋花芽结果。

枝条缓放成花芽后即可回缩修剪,这种修剪法常在幼树和旺树上采用。凡有空间需要多发枝时,应采取短截的修剪方法;枝条过于密集时,要进行疏除;而长势过旺的枝宜缓放。只有合理修剪,才能使果树生长、结果两不误,以达到早丰、稳产、优质的要求。

(3)摘心与截梢:摘心是摘去新梢顶端幼嫩的生长点,截梢是剪截较长一段梢的尖端。这两种措施不仅可以抑制枝梢生长,节约养分以供开花坐果之需,提高坐果率,还可在其他果枝上促进花芽形成和开花结果。摘心还可促进根系生长,促进侧芽萌发和二次枝生长。此种方法在快速成型方面可加快枝组形成,提高分枝级数,从而提高结果能力。

(4)抹芽和疏梢:用手抹除或用剪刀剪去嫩芽,称为抹芽或除芽。疏梢是新梢开始迅速生长时疏除过密新梢。这两种修剪措施的作用是节约养分,以促进所留新梢生长,使其生长充实。除去侧芽、侧枝,可以改善光照,有利于枝梢充实及花芽分化和果实品质的提高。尽早除去无益芽、梢，可减少因后来去除大枝所造成的大伤口及养分的大量浪费。

(5)拉枝与开角：拉枝是将角度小的主要骨干枝拉开，以开张枝条角度，此法对旺枝有缓势的效应。拉枝适于在春季树液开始流动时进行，将树枝用绳或铁丝等牵引物拉下，靠近枝的部分应垫上橡皮或布料等软物，防止伤及树皮。

(三)不同树龄的修剪技术

1.幼树整形修剪技术

核桃幼树期修剪的主要目的是培养适宜的树形，调节主枝、侧枝的分布，使各个枝条有充分的生长发育空间，促进树冠形成，为早果、丰产、稳产打下良好的基础。幼树修剪的主要任务包括定干和主、侧枝的培养等，修剪的关键是做好发育枝、徒长枝和二次枝等的处理工作。

(1)幼树整形：核桃树干性强，芽的顶端优势特别明显，顶芽比侧芽充实肥大，树冠层明显，可以采用主干分层形、自然开心形和主干形，树形可根据品种、地形和栽植密度来确定。

①定干。树干的高低与树高、栽培管理方式和间作等关系密切。定干高度，应根据品种特点、土层厚度、肥力高低和间作模式等，因地因树而定。如晚实核桃结果晚，树体

高大,主干可适当高些,干高 1.5～2.0 米。山地核桃因土壤瘠薄,肥力差,干高以 1.0～1.2 米为宜。早实核桃结果早,树体较小,主干可矮些,干高 0.8～1.2 米。立地条件好的地区,核桃树定干可高一些。密植时,定干可低一些。早期密植丰产园,核桃树干高可定为 0.8～1.0 米。果材兼用型品种,为提高干材的利用率,干高可达 3.0 米以上。

早实核桃定干:定植当年发芽后,抹除核桃树要求干高以下部位的全部侧芽。如幼树未达到定干高度,可于翌年定干。如果顶芽坏死,可选留靠近顶芽的健壮芽,促其向上生长,待达到一定高度后再定干。定干时,选留主枝的方法与晚实核桃相同。

晚实核桃定干:春季核桃树萌芽后,在定干高度的上方选留一个壮芽或健壮的枝条作为第一主枝,并将以下枝、芽全部剪除。如果幼树生长过旺,分枝时间推迟,为控制干高,可在要求干高上方的适当部位进行短截,促使剪口芽萌发,然后选留第一主枝。

②树形的培养。核桃树可以采用主干分层形、自然开心形和主干形,树形可根据品种、地形和栽植密度来确定。具体的整形方法请参照本章第一部分。

(2)幼树的修剪:当幼树达到一定高度时,可按树形要求进行修剪,促使在一定部位分生主枝,形成丰产树形。在幼树时期,应及时控制背后枝、过密枝和徒长枝,增强主枝。

幼树的非骨干枝、强枝和徒长枝要及时疏除，以防与主枝竞争。

①主枝和中央领导干的处理。主枝和侧枝延长头，为防止出现光秃带并促进树冠扩大，可每年适当截留 60～80 厘米，剪口芽可留背上芽或侧芽。中央领导干应根据整形的需要每年短截，剪口留在饱满芽的上方，这样可以刺激中央领导干翌年萌发，使其保持领导地位。

②处理好背下枝。核桃背下枝春季萌发早，生长旺盛，竞争力强，容易使原枝头变弱而形成"倒拉"现象。如不加以控制，会影响枝头的发育，甚至造成原枝头枯死，导致树形紊乱。背后枝的处理方法可根据具体情况而定，如果原母枝变弱或分枝角度较小，可利用背下枝或斜上枝代替原枝头，将原枝头剪除或培养成结果枝组；如果背下枝生长势中等，可保留其结果；如果背下枝生长健壮，结果后可在适当分枝处回缩，将其培养成小型结果枝；如果背后枝已经影响上部枝条生长，应疏除或回缩，抬高枝头，促进上部枝的发育。

③疏除过密枝。早实核桃分枝早，枝量大，容易造成树冠内部的枝条密度过大，不利于通风透光。因此，树冠内的各类枝条，修剪时应去强去弱留中庸枝。疏枝时，应紧贴枝条基部剪除，切不可留橛，以防止抽生徒长枝，并利于剪口愈合。

④徒长枝的利用。早实核桃结果早,果枝率高,坐果率高,造成养分过度消耗,枝条容易干枯,从而刺激基部的隐芽萌发而形成徒长枝。早实核桃徒长枝的突出特点是第 2 年都能抽枝结果,果枝率高。这些结果枝的长势由顶部至基部逐渐变弱,中、下部的小枝结果后第 3 年多数干枯死亡,出现光秃带,造成结果部位外移,容易造成枝条下垂。为了克服这种弊病,可以利用徒长枝粗壮、结果早的特点,通过短截或者夏季摘心等方法,将其培养成结果枝组,以充实树冠空间,更新衰弱的结果枝组。但是在枝量大的部位如果不及时控制,会扰乱树形,影响通风透光,这时应该从基部疏除。

⑤控制和利用二次枝。早实核桃具有分枝能力强,易抽生二次枝等特点。分枝能力强是早果、丰产的基础,对提高产量非常有利。但是早实核桃二次枝抽生晚,生长旺,组织不充实,在北方冬季易发生失水、抽条现象,导致母枝内堂光秃,结果部位外移。因此,如何控制和利用二次枝是一项非常重要的内容。对二次枝的处理方法有如下几种:第一种,若二次枝生长过旺,对其余枝生长构成威胁,可在其未木质化之前从基部剪除;第二种,如果一个结果枝上抽生 3 个以上的二次枝,可选留早期的 1～2 个健壮枝,其余全部疏除;第三种,在夏季,若选留的二次枝生长过旺,可进行摘心,以促其尽早木质化,并控制其向外伸展;第四种,如果一

个结果枝只抽生一个二次枝,且长势较强,可于春季或夏季对其短截,以促发分枝,并培养成结果枝组。春、夏季短截效果不同,夏季短截分枝数量多,春季短截发枝粗壮。短截强度以中、轻度为宜。

⑥短截发育枝。早实核桃通过短截,可有效增加枝条数量,加快整形过程。短截对象是从一级和二级侧枝上抽生的生长旺盛的发育枝,作用是促进新梢生长,增加分枝,但短截数量不宜过多,一般占总枝量的 1/3 左右,并使短截的枝条在树冠内部均匀分布。短截根据程度可分为轻短截(剪去枝条的 1/3 左右)、中短截(剪去枝条的 1/2 左右)和重短截(剪去枝条的 2/3 以上),一般不采用重短截。剪截长度为枝长的 1/4～1/2,短截后一般可萌发 3 个左右较长的枝条。通过短截,改变了剪口芽的顶端优势,剪口部位新梢生长旺盛,能促进分枝,提高成枝力。核桃树上中等长的枝或弱枝不宜短截,否则刺激下部发出细弱短枝,组织不充实,冬季易发生日烧而干枯,从而影响树势。

2. 成年树修剪技术

核桃树刚进入成年期,树形已基本形成,产量逐年增加,修剪任务主要是继续进行主、侧枝的培养,充分利用辅养枝早期结果,积极培养结果枝组,尽量扩大结果部位,为初果期向盛果期转变做好准备。

(1)结果初期修剪技术:结果初期是指从开始结果到大

量结果前的一段时间,早实核桃一般 2～4 年进入结果初期。初果树的修剪任务是继续培养好各级主干枝,充分利用辅养枝早期结果,调节各级主侧枝的主从关系,平衡树势,积极培养结果枝组,增加结果部位。修剪时应去强留弱或先放后缩,通过放缩结合,防止结果部位外移。已影响主侧枝的辅养枝,可以以缩代疏或逐渐疏除,给主侧枝让路。对徒长枝,可采用留、疏、改相结合的方法加以处理。早实核桃的二次枝,可用摘心和短截的方法促其形成结果枝组,过密的二次枝则去弱留强。同时应注意疏除干枯枝、病虫枝、过密枝、重叠枝和细弱枝。

①控制二次枝。二次枝抽生晚,生长旺,组织不充实,二次枝过多时消耗养分多,不利于结果。控制的方法与幼树二次枝的修剪方法基本相同。

②利用徒长枝及旺盛营养枝。早实核桃由于结果早、果枝率高,消耗养分多而无法抽生新枝;但基部易萌发徒长枝。这种徒长枝的特点是第 2 年也能抽生 7～15 个结果枝,要充分利用。但抽生的结果枝由上而下生长势逐渐减弱、变短,第 3 年中、下部的小果枝多干枯脱落,出现光秃,致使结果部位外移。为此,对徒长枝可采取"抑前促后"的办法。即春季发芽后短截或春季摘心,培养成结果枝组,以便得到充分利用。对直径 3 厘米左右的旺盛的营养枝,于发芽前后拉成水平状,可增加果枝量。

③短截发育枝。对较旺的发育枝进行短截,促进多分枝。但短截数量不宜过多,一般每棵树短截枝的数量占总枝量的1/3左右。短截可根据枝条的发育状况而定,长枝截去1/2,较短枝轻截,截去1/3,一般不重短截。

④培养结果枝组。结果初期应该加强结果枝组的培养,扩大结果部位。培养结果枝组的原则是大、中、小配备适当,分布均匀。培养的途径,骨干枝上的大、中型辅养枝短截一部分,对部分直立的旺长枝采取拉平缓放、夏季摘心等方法促生分枝,形成结果枝组。对树冠内的健壮发育枝,可去直立留平斜,先放后缩,培养成中、小型结果枝组,达到尽快扩大结果部位、提高产量的目的。

(2)盛果期修剪技术:核桃进入盛果期,树冠仍在继续扩大,结果部位不断增加,容易出现生长与结果之间的矛盾,有些还会出现郁闭和“大小年”现象,这一时期保障核桃高产、稳产是修剪的主要任务。此时修剪以“保果增产,延长盛果期”为主。冠内外密生的细弱枝、干枯枝、重叠枝、下垂枝、病虫枝要从基部剪除,改善通风和光照条件,促生健壮的结果母枝和发育枝。内膛抽生的健壮枝条应适当控制保留,以利于内膛结果。对过密大枝,要逐年疏除或回缩,修剪时剪口要平,以促进伤口愈合。修剪时应注意培养良好的结果枝组,利用好辅养枝和徒长枝,及时处理背下枝与下垂枝。

①调整骨干枝和外围枝。核桃树进入盛果期后,由于树体结构已经基本形成,树冠扩大明显减缓,开始大量结果,大、中型骨干枝常出现密集和前部下垂现象。因此,此时期对骨干枝和外围枝的修剪要点是及时回缩过弱的骨干枝,回缩部位可在斜向上生长的侧枝的前部;按去弱留强的原则疏除过密的外围枝,对有可利用空间的外围枝,可适当短截,从而改善树冠的通风透光条件,促进保留的枝芽健康生长。

②结果枝组的培养与更新。加强结果枝组的培养,扩大结果部位,防止结果部位外移是保证盛果期核桃园丰产、稳产的重要措施,结果枝组的培养尤为重要。

培养结果枝组的原则是大、中、小配置适当,均匀地分布在各级主、侧枝上,在树冠内的总体分布是里大外小,下多上少,使内部不空、外部不密,通透良好,枝组间保持 0.6～1.0 米的距离。

③辅养枝的利用与修剪。辅养枝是指着生于骨干枝上,不属于所留分枝级次的辅助性枝条。这些枝条多数是在幼树期为加大叶面积、充分占有空间、提早结果而保留下来的,属临时性枝条。对其修剪的要点为:当与骨干枝不发生矛盾时可保留不动,如果影响主、侧枝生长,应及时去除或回缩。辅养枝应小且短于邻近的主、侧枝,当其过旺时,应去强留弱或回缩到弱分枝处。对长势中等、分枝良好,又

有可利用空间的,可剪去枝头,将其改造成结果枝组。

④徒长枝的利用和修剪。成年树随着树龄和结果量的增加,外围枝长势变弱,加之修剪和病虫害等原因,易造成内膛骨干枝上的潜伏芽萌发,形成徒长枝,早实核桃更易发生。处理时视树势及内膛枝条的分布情况而定,如内膛枝条较多,结果枝组生长正常,可从基部疏除徒长枝;若内膛有空间或其附近的结果枝组已衰弱,则可利用徒长枝培养成结果枝组,促使结果枝组及时更新。尤其在盛果末期,树势逐渐衰弱,产量开始下降,枯枝增多,更应注意对徒长枝的选留与利用。

⑤背下枝的处理。核桃树倾斜着生的骨干枝的背后枝,其生长势多强于原骨干枝,形成"倒流水"现象,这是核桃区别于其他果树的特点之一,也称之为核桃的背下优势。如果不及时处理核桃的背下枝,往往造成"主""仆"关系颠倒,严重的造成原枝头枯死。

骨干枝抽生的背下枝要及时疏除,而且越早越好,以防影响骨干枝生长。如果背下枝的生长势强于原枝头,方向角度又合适,可用背下枝取代原枝头;如果背下枝角度过大,方向不理想,可疏除背后枝,保留原枝头;如果背下枝与原枝头长势相差不大,应及早疏除背下枝,保留原枝头;背下枝较弱的,可先缓放后回缩,培养成结果枝组;原枝头已经变弱,可利用背下枝换头,将原枝头剪除;如果有空间,也可把原枝头培养成结果枝组。但必须注意抬高背下枝头的角度,以防下垂。

⑥清理无用枝条。应及时把长度在 6 厘米以下、粗度不足 0.8 厘米的细弱枝条疏除,原因是这类枝条坐果率极低。内膛过密、重叠、交叉、病虫枝和干枯枝等也应剪除,以减少不必要的养分消耗,改善树冠内部的通风透光条件。

此外,对早实核桃的二次枝处理方法基本上同幼龄阶段,只是要特别强调防止结果部位迅速外移,对外围生长旺的二次枝应及时短截或疏除。

(3)衰老树修剪技术:核桃树寿命长,在良好的环境和栽培管理条件下,生长结果可达百年甚至数百年。在管理粗放的条件下,早实核桃 40~60 年以后就进入衰老期。当核桃树的长势衰退时,应有计划地重剪更新,以恢复树势,延长结果年限。着重对多年生枝进行回缩修剪,在回缩处选留一个辅养枝,促进伤口愈合和隐芽萌芽,使其成为强壮新枝,复壮树势。对过于衰弱的老树,可逐年进行多年生骨干枝的更新,利用隐芽萌发强壮的徒长枝,重新形成树冠,使树体生长健旺。修剪的同时,与施肥、浇水、防治病虫害等管理结合起来,效果更好。

①主干更新。又叫大更新,即将主枝全部锯掉,使其重新发枝并形成新主枝。这种更新修剪量大,树势恢复慢,对产量影响也大,是在不得已的情况下进行的挽救措施。具

体做法有两种：

一种是对主干过高的植株，可从主干的适当部位将树冠全部锯掉，使锯口下的潜伏芽萌发新枝。核桃树潜伏芽的寿命较长，数量较多，回缩后，潜伏芽容易萌发成枝，然后从新枝中选留位置适宜、生长健壮的 2～4 个枝培养成主枝。

另一种是对主干高度适宜的开心形植株，可在每个主枝的基部将树冠锯掉。如系主干形植株，可先从第一层主枝的上部锯掉树冠，再从各主枝的基部锯掉，使主枝基部的潜伏芽萌芽发枝。

②主枝更新。也叫中度更新，即在主枝的适当部位进行回缩，使其形成新的侧枝。具体做法：选择健壮的主枝，保留 50～100 厘米长，将其余部分锯掉，使其在主枝锯口附近发枝。发枝后，在每个主枝上选留位置适宜的 2～3 个健壮的枝条，将其培养成一级侧枝。

③枝组更新。对衰弱明显的大、中型结果枝组进行重回缩，短截到健壮分枝处，促其发生新枝；小型枝组去弱留壮、去老留新；树冠内出现的健壮枝和徒长枝，尽量保留培养成各类枝组，以代替老枝组。另外，应疏去多余的雄花序，以节约养分，增强树势。

④侧枝更新。也叫小更新，即将一级侧枝在适当的部位进行回缩，使之形成新的二级侧枝。这种更新方法的优

点主要是新树冠形成和产量增加均较快。具体做法：在计划保留的每个主枝上，选择2~3个位置适宜的侧枝，在每个侧枝中下部长有强旺分枝的前端或上部剪截。枯梢枝要重剪，促其从下部或基部发枝，以代替原枝头。疏除所有的枯枝、病枝、单轴延长枝和下垂枝。

对更新的核桃树，必须加强土、肥、水和病虫害防治等综合管理，以防止当年发不出新枝，造成更新失败。

（4）放任树修剪技术：核桃放任树是指管理粗放、很少修剪的树。目前，我国放任生长的核桃树仍占相当大的比例。这类树的特点是：枝干直立生长，侧生分枝少，枝条分布不合理，多交叉重叠，且长势弱，层次不清，枝条紊乱，从属关系不明；主枝多轮生、叠生、并生，"掐脖"现象严重；内膛郁闭，由于主枝延伸过长，先端密挤，基部光秃，造成树冠郁闭，通风透光不良，内膛空虚，结果部位外移；结果枝细弱，落果严重，坐果率一般只有20%，且品质差；衰老树外围"焦梢"，结果能力低，甚至不能形成花芽；从大枝的中下部萌生大量徒长枝，形成自然更新，重新构成树冠。一部分幼旺树可通过高接换优的方法加以改造。大部分进入盛果期的核桃大树，在加强地下管理的同时可进行修剪改造，以迅速提高核桃的产量、品质。

①树形改造。根据核桃树的生长特点，一般可改造为主干分层形、自然开心形或主干形等，要灵活掌握，因树造

型,以达到尽早结果的目的。如果中心领导干明显,可改造成主干分层形或主干形;如果中心领导干已很衰弱或无中心领导干,可改造成自然开心形。

②因树修剪。衰老树修剪时,首先疏除多年生密集大枝,去弱枝留壮枝;其次,疏除所有干枯枝、病虫枝,回缩下垂枝,收缩树冠,充分利用旺枝、壮枝,更新复壮树势。旺树修剪时,首先应注意对全树统一安排,除去无效枝,以便通风透光。调整配备好骨干枝,使枝条营养集中,健壮充实,提前形成混合芽。其次要保护内膛斜生枝和外围已形成混合芽的枝条。采用缓放、回缩的方法,促使形成结果枝组。

③大枝的选留。大枝过多一般是放任生长的主要矛盾,应首先解决主要矛盾,因树造型,按主干分层形或自然开心形的标准选留5～7个主枝,第1层要根据生长方向选3～4个主枝,重点疏除密集的重叠枝、并生枝、交叉枝和病虫危害枝。为避免一次疏除大枝过多,一部分交叉重叠的大枝可以先回缩,分年处理。

有些生长直立、主从不分、主枝过多的品种(如香玲、鲁果2号等),由于每年趋向于极性生长,下部枝条大量枯死,各级延长头过强过旺,形成抱握生长态势,较难处理。对这种树,除疏除多余大枝、消除竞争外,各级主枝延长头要分级次处理,要分年度,不可过重,以免内膛太空或内膛枝徒长,并要结合夏季修剪,去除剪口和锯口部位萌发的直立枝条,以促进下部枝条复壮,均衡营养,逐步复壮。

还有些品种,中心干明显,主枝级次较乱,树冠开张(如鲁果3号、扎343等)。由于体现了中心干优势,树势上强下弱,下部主枝衰弱甚至枯死,内膛郁闭,造成大量结果枝枯死,结果部位外移,主枝顶端因结果而下垂衰弱,背上枝形成重叠,严重影响负载量。对于这类树的修剪,应视情况落头,中型枝组要根据生长空间选留一定数量的侧枝,多余的要进行疏除、回缩。对于各级主枝,要疏除下垂的衰弱枝组,选健壮枝组留头,背上着生的大枝组和一年生直立枝条要疏除,使其逐步恢复生长势。对于结果枝组,要选留生长健壮、着生位置好的枝条,疏除衰弱枝,以培养稳定健壮的结果枝组。

④外围枝条的调整。对于冗长细弱的下垂枝,必须适时回缩,抬高角度。衰老树的外围枝大部分是中短果枝和雄花枝,应适当回缩,用粗壮的枝带头。

⑤结果枝组的培养和更新。选留侧斜生枝及无二次生长的粗壮枝,多采用先缓放后回缩或先回缩后缓放的方法培养结果枝组。处理好过密枝、瘦弱枝、背后枝、背上直立枝,使整个枝组形成大、中、小配备,粗壮、短而结果紧凑的枝组。结果枝组的更新复壮,一般压前促后,缩短枝量,增加分枝级数,本着去弱留壮的原则疏除干枯枝,减少消耗,集中营养,促使更新复壮,保持健壮结果枝组。

以上修剪量应根据立地条件、树龄、树势、枝量多少灵活掌握,大、中、小枝的处理也必须全盘考虑,做到因树修剪,随枝做形。另外,应与土肥水管理结合,否则难以收到良好的效果。

(四)低产园改造与高接换种技术

1.造成核桃低产的原因

(1)品种化栽培程度低:我国绝大多数核桃是 20 世纪60～80 年代发展起来的,树龄 40～50 年,且当时所发展的核桃几乎都是实生核桃。近几年新发展的核桃园,仍有一部分是实生核桃。由于缺乏优良品种,必然造成结果晚、产量低、品质差等问题。实生繁殖,缺乏大面积品种化栽培是造成我国核桃低产的根本原因。

(2)不能做到适地适树建园栽培:从我国大面积的核桃栽培情况来看,不少核桃园建在土层只有 30～40 厘米厚的山岭薄地上,由于土层较薄、土壤肥力较差,大部分植株生长不良或形成"小老树",导致产量较低。

(3)放任管理、栽培技术落后:我国核桃普遍存在管理粗放甚至放任生长的现象,这是导致核桃低产的另一主要原因。突出表现在两个方面,一是栽植过密,造成过早郁闭,园内和冠内通风透光不良,不仅结果部位外移,而且影响树体正常生长发育和花芽分化,严重影响了核桃的产量;二是技术不配套,栽培水平低下,导致树体结构紊乱、枝条密集、病虫害严重、缺肥少水,严重影响了核桃树体的发育和产量的提高。

2. 低产园高接换种

高接换种是利用高接技术把低产实生树改换成早实、丰产、优质的优良品种，以提高核桃园的产量和效益。劣质低产核桃树通过高接改优，不仅坚果品质得到了根本改善，产量更得到了显著提高。高接后第 2 年均能结果，单株平均产量为 1.0 千克左右，亩产 15.0 千克左右。高接后第 3 年单株平均产量达 3.0 千克左右，亩产达 40 千克以上，第 4 年以后为未改接树产量的 4～7 倍。

(1)高接品种的选择：不论是早实品种或是晚实品种，都应具备以下条件：①丰产性强，达到或超过国家标准要求，特别注意其稳产性。②坚果品质好，达到国家标准中优级或一级指标的要求。③抗逆性强，在北方寒冷地区要注意抗寒和避晚霜品种，干旱地区要选择耐旱性强的晚实优良品种。

另外，一个地方可选择 2～3 个主栽品种，并适当栽一些授粉品种，但引入品种量不宜过多，否则会造成良种混杂，影响坚果品质。

(2)高接树的选择：

①树体条件。20 年生以上的低产树和夹仁核桃树要进行改接换优，树体高大不便高接操作或产量高的树可不改接；10～20 年生的核桃树应逐年改接，多头改接；过密的核

桃园可隔株改接,待以后将未改接的树间伐;10年生以下的幼树应多头改接。

②立地条件。对低产树、幼龄树进行改接换优时,应选择土层深厚、生长旺盛的树;对立地条件好,但长期粗放管理、营养不良的小老树,应先进行土壤改良,通过施肥、扩穴、深翻等措施促进树势由弱变强,然后再进行改接换优。

(3)高接部位的选择:选择生长健壮,嫁接部位直径5～7厘米,且不超过10厘米,树龄在10年以上的树,高接部位因树而异,可在主干或主枝上进行单头单穗、单头双穗或多头多穗高接。砧木接口直径为3～4厘米时可单头单穗,直径为5～8厘米时可一头插入2～3个接穗。10年生以上的树应根据砧木的原从属关系进行高接,高接头数不能少于3个。对3～5年生幼树,锯掉树冠或重剪主枝,在主干或主枝的光滑部位高接。

(4)接穗的采集与保存:接穗应在发芽前20～30天采集,从优良品种树冠外围的中上部采集直径在1.2厘米以上、芽子饱满、枝条充实、髓心小(50%以下)、无病虫害的一年生健壮枝条。接穗应蜡封剪口后分品种捆好,埋到背阴处5℃以下的地沟内保存,也可装入内有湿锯末的塑料袋中,放入冷库中贮藏。

(5)大树放水:核桃树不同于其他果树,嫁接时常有伤流液流出,影响嫁接成活率。因此,应在大树高接前放水。

在干基或主枝基部 5～10 厘米处锯 2～3 个锯口,深度为干径的 1/5～1/3,呈螺旋状交错斜锯放水。幼树改接,一般在接口下距地面 10～20 厘米处锯两个深达木质部 1.0～1.5 厘米的锯口。

(6)高接时期和方法:①高接时期。萌芽出叶 3～5 厘米最好,太早伤流重,太迟树体养分消耗多;②高接方法。目前春季改接应用最普遍的是插皮接,嫁接后用聚乙烯醇胶涂刷接穗保湿(聚乙烯醇:水=1:15～1:20 加热溶解而成)。

(7)高接后的管理:

①除萌。除萌应分段进行,嫁接后 15 天内,砧木上的萌蘖适当疏除,可暂时保留 1～2 个。接后 20～30 天,视接穗成活情况而定,接芽萌发的,抹除接口以下的萌蘖;接穗新鲜而未萌动的,其下部保留一个萌蘖并控制其生长;接穗已枯死的,保留 1 个萌蘖。嫁接 30 天后,接穗虽成活,但生长势极弱,其叶面积不到正常值(正常生长树叶面积×全年生长期天数)的 1/10 时,萌蘖应保留,接穗全部死亡的应保留 2～3 个萌蘖。保留的萌蘖应尽量在接口附近部位的较高位置,以保护树干或在生长季再进行芽接或恢复树冠后再进行改接。

②设立支柱。当新梢长至 30 厘米左右时,要及时在接口处设立 1.5 米长的支柱,将新梢轻轻绑在支柱上,以防风

折。随着新梢生长,要绑缚 2～3 次。

③松绑。嫁接后 2～3 个月(6 月上旬到 7 月上旬),要将捆绑绳松绑一次,否则会形成环缢伤,影响接口加粗生长。8 月下旬可根据具体情况将绑缚物全部去掉。

④定枝、疏果。定枝的目的在于合理利用水分、养分,促进树体向有序方向发展,达到早整形、快成形的目的。嫁接成活后接穗上的主芽、副芽都萌发,在很短的枝段上出现了太多的枝。因此,要根据接穗成活后新梢的长势选留部分枝,疏掉多余枝。留下的枝一部分可提早摘心促进二次分枝,便于树冠伸展丰满,同时为第 2 年整形修剪打下良好的基础,另外还可提高产量。如果嫁接后不管,任其生长,则树形乱,第 2 年整形时左右为难。定枝在新梢长至 20～30 厘米时进行。

早实核桃品种的接穗成活当年都开雌花,若接穗愈合好,新梢生长旺,雌花会自行脱落。如果生长弱,则会坐果,应该及早疏掉,尽快恢复树势。否则会因结果多,消耗养分大,树势难以恢复,造成烂根,甚至整株死亡。

⑤加强肥水管理。接穗成活后要灌水 2～3 次,叶片长出时开始少量追肥,当新梢 20～30 厘米时要追施一次速效性氮肥,促进新梢生长。8 月下旬追施磷、钾肥,促进枝条生长充实。

⑥病虫害防治。接穗萌芽后,有金龟子和食芽象甲危

害嫩芽,应及早喷药防治。

（8）高接换种关键技术：

①接穗应采自优良品种的健壮发育枝。优良品种的丰产性应达到或超过国家标准；坚果品质应达到国家标准中的优级或一级；抗逆性应适应当地的环境条件,特别是对某些限制性环境因素具有较强的适应性。

②接穗应发育充实、芽子饱满、髓心较小、无病虫害,直径在1.2厘米以上；采集的接穗一定要保湿良好,嫁接前芽未萌动。应特别注意,接穗保鲜程度是影响嫁接成活的关键因素之一。

③砧木生长强壮,无严重病虫害。对于缺乏营养的"小老树",应通过扩穴施肥,增强树势后再进行高接换优。

④高接部位依树而定,可在主干或主枝上进行单头单穗、单头双穗或多头多穗高接。嫁接部位的直径以3～6厘米为宜,最粗不超过10厘米,过粗不利于接口愈合。10年以上的树应根据砧木原有从属关系进行高接,接头数不应少于10个。

⑤伤流较严重时,为了减少伤流,可在地面以上20～30厘米的树干上螺旋状锯2～3个深达木质部1厘米左右的斜放水口,以避免或减少接口处伤流的发生。

⑥嫁接的适宜时期是在砧木萌芽前后的一段时间,插皮接和舌接成活率最高。

七 花果管理技术

(一)开花特性与授粉受精

1. 开花特性

(1)雄花:核桃一般雌雄同株异花,但是在从新疆引种的早实核桃幼树上,也发现有雌雄同花现象,不过雄花多不具花药,不能散粉;也有的雌雄同序,但雌花多随雄花脱落。上述两种特殊情况基本没有生产意义。核桃雄花序为葇荑花序,长8~12厘米,花被6裂,每朵雄花有雄蕊12~26枚,花丝极短,花药成熟时为杏黄色,每个药室约有花粉900粒,有活力的花粉约占25%。当气温超过25℃时,会导致花粉败育,降低坐果率。

春季雄花芽开始膨大伸长,由褐色变绿,从基部向顶部膨大,经过6~8天花序开始伸长,基部小花开始分离,萼片开裂并能看到绿色花药,此为初花期。再经过6天左右,花序达一定长度,小花开始散粉,此为盛花期,其顺序是由基部逐渐向顶端开放,2~3天散粉结束,散粉结束后花序变黑而干枯。散粉期如遇低温、阴雨、大风等,将对授粉受精不利。雄花过多,消耗养分和水分过多,会影响树体生长和结果。

（2）雌花：雌花为总状花序，着生于结果枝顶端。核桃雌花可单生、2～3朵簇生、4～6朵序生。有的品种有小花10～30朵，呈穗状花序（如穗状核桃），通常2～3朵簇生。雌花长约1厘米，宽约0.5厘米，柱头二裂，成熟时反卷，常有黏液分泌物，子房1室。

春季混合芽萌发后，结果枝伸长生长，在其顶端出现带有羽状柱头和子房的幼小雌花，雌花初显露时幼小子房露出，二裂柱头抱合，此时无授粉受精能力。5～8天后，子房逐渐膨大，羽状柱头开始向两侧张开，此时为初花期。此后，经过4～5天，当柱头呈"倒八字形"时，柱头正面突起且分泌物增多，为雌花盛花期，此时接受花粉能力最强，为授粉最佳时期。再经3～5天以后，柱头表面开始干涸，柱头反卷，授粉效果较差。之后柱头逐渐枯萎，失去授粉能力。

（3）二次花：核桃一般每年开花一次，但早实核桃具有二次开花结实的特性。二次花着生在当年生枝顶部，花序有三种类型，第一种是雌花序，只着生雌花，花序较短，一般长10～15厘米；第二种是雄花序，花序较长，一般为15～40厘米；第三种是雌雄混合花序，下半序为雌花，上半序为雄花，花序最长可达45厘米，一般易坐果。此外，早实核桃还常出现两性花，一种是子房基部着生8枚雄蕊，能正常散粉，子房正常，但果实很小，早期脱落；另一种是在雄蕊中间着生发育不正常的子房，多早期脱落。二次雌花多在一次花后20～30天开放，如能坐果，坚果成熟期与一次果相同或稍晚，果实较小，用作种子能正常发芽。用二次果培育的苗木与一次果苗木无明显差异。

2. 授粉受精

核桃系风媒花,花粉传播的距离与风速、地势等有关,在一定距离内,花粉的散布量随风速增加而加大,但随距离的增加而减少。据研究报道,最佳授粉距离应在距授粉树 100 米以内,超过 300 米几乎不能授粉,这时需进行人工授粉。花粉在自然条件下的寿命只有 5 天左右,据研究报道,刚散出的花粉活力高达 90%,放置一天后降至 70%,在室内条件下 6 天后全部失活,即使在冷藏条件下,采粉后 12 天活力也下降到 20% 以下。在一天中,上午 9~10 时、下午 3~4 时给雌花授粉效果最佳。

核桃的授粉效果与天气状况及开花情况有较大关系。多年经验证明,雌花短、开花整齐,其坐果率就高,反之则低。据调查,雌花期 5~7 天的品种,坐果率高达 80%~90%,8~11 天的品种坐果率在 70% 以下,12 天的品种坐果率仅为 36.9%。花期如遇低温阴雨天,则会明显影响正常的授粉受精活动,降低坐果率。

有些核桃品种或类型不授粉,也能正常结出有活力的种子,这种现象称为孤雌生殖,对此国内外均有报道。有报道称,部分核桃品种孤雌生殖率可高达 60%,且雄先型树高于雌先型树。此外,用异属花粉授粉,或用吲哚乙酸、萘乙酸及 2,4-D 等处理,或用纸袋隔离花粉,均可使核桃结出有种仁的果实。这表明,不经过授粉核桃也能结出一定比例有生殖能力的种子。

3.人工辅助授粉

核桃系风媒异花授粉树种,并且有雌雄异熟特性。雄花先于雌花开放称为雄先型,雌花先于雄花开放称为雌先型,雌雄花同时开放称为同熟型。雌先型和雄先型较为常见,同熟型稀有少见。花期不遇常造成授粉不良,影响坐果率和产量。此外,核桃幼树最初几年只开雌花,2～3年后才出现雄花,影响授粉和坐果。为了提高坐果率、产量和坚果质量,应进行人工辅助授粉。各地的试验表明,人工授粉比自然授粉可提高坐果率15％～30％。主要方法和步骤是:

(1)采集花粉:雄花序基部的小花开始散粉时,选择树冠外围生长健壮、无病虫害的枝条,剪取雄花序,置于室内或无阳光直射、干燥的白纸上;待大部分花药裂开30％后收集花药和花粉,并用细筛筛去杂质;将花粉收集在指形管或青霉素瓶中,置于2～5 ℃条件下备用,花粉活力在常温下可保持5天左右,在3 ℃冰箱中可保存20天以上。瓶装花粉应适当通气,以防发霉。为适应大面积授粉的需要,可将原粉加以稀释,一般按1∶10加入淀粉,稀释后的花粉同样具有良好的授粉效果。

(2)选择授粉时期:授粉的最佳时期是雌花柱头开裂并呈"倒八字形"。此时,柱头羽状突起、分泌大量黏液,并具有一定光泽,利于授粉受精和花粉萌发。此时正值雌花盛期,时间为2～3天,雄先型植株此期只有1～2天,要抓紧时间授粉,柱头反转或柱头干缩后授粉效果显著降低。有时因天气状况不良,同一株树上雌花期早晚可相差 7～15 天,可分两次进行授粉。

(3)授粉方法:

①授粉器授粉。适用于树体较矮小的幼树。将花粉装入喷粉器的玻璃瓶中,在树冠中上部喷洒,喷头要在柱头30厘米以上。此法授粉速度快,但花粉用量大。也可用新毛笔蘸少量花粉,轻轻弹在柱头上,注意不要直接往柱头上抹,以免授粉过量或损坏柱头,导致落花。

②抖授花粉。成年树或高大的晚实核桃树可采用花粉袋抖授法,将花粉装入 2～4 层的纱布袋中,封严袋口,拴在竹竿上,然后在树冠上方迎风面轻轻抖撒。或将稀释的花粉装入纱布袋中挂在树冠上方,利用风力吹动纱布袋,使花粉自然分散。

③喷授法。可将花粉配成水悬液(花粉与水之比为1：5 000),放入喷雾器中进行喷洒。在水悬液中加 10% 蔗糖和 0.02% 硼酸,可促进花粉发芽和受精,提高坐果率。

④挂雄花序。将采集的雄花序 10 多个扎成一束,挂在树冠上部,依靠风力自然授粉。

4.疏雄花节省营养

核桃是雌雄同株异花植物,雄花着生在结果母枝的基部或雄花枝上,核桃雄花数量大,远远超出授粉需要,可以疏除一部分雄花。生产实践证明,雄花在发育过程中需要消耗大量树体内贮藏的营养,尤其是在雄花快速生长和开花时,消耗更为突出。此时正值我国北方干旱季节,水分往往成为生殖活动的限制因素,而雄花芽又位于雌花芽的下部,处于争夺水分和养分的有利位置,大量雄花芽发育势必影响结果枝的雌花发育。提早疏除过量的雄花芽,可以节省树体的大量水分和养分,有利当年雌花的发育,提高当年坚果产量和品质,同时也有利于新梢生长和花芽分化。研究表明,疏除90%～95%的雄花序,能减少树体部分养分的无效消耗,促进树体内的水分、养分集中供应开花、坐果和果实生长发育,因而可大幅度提高产量和质量。疏雄花不仅有利于当年树体生长发育,提高果实品质和产量,同时也有利于新梢生长,保证翌年丰产。

(1)疏雄时期:原则上要早疏,一般雄花芽萌动前20天内进行为宜,雄花芽开始膨大为疏雄的最佳时期。因为休眠期雄芽比较牢固,操作麻烦,而雄花序伸长时已经消耗营养,对树体不利。

(2)疏雄数量:每个雄花序有雄花100～180个,雌花序与雄花序(小花)之比为1:500～1:1 080。若疏去90%～95%的雄花序,雌花序与雄花序之比仍可达1:25～1:60,完全可以满足授粉的需要。但雄花芽较少的植株和初果期的幼树可以不疏雄。

(二)结果特性与合理负载

1. 结果特性

不同类型和品种的核桃树开始结果的年龄不同,早实核桃2～3年开始结果,晚实核桃6～8年开始结果。初结果树,多先形成雌花,2～3年后才出现雄花。成年树雄花量一般是雌花的几倍、几十倍。雄花和雌花在发育过程中需要消耗大量树体内贮藏的营养,尤其是雄花快速生长和雄花大量开花时,消耗更为突出,导致雄花过多而影响果实产量和品质。

成年树健壮的中、短结果母枝坐果率最高。在同一结果母枝上,顶芽及其以下第1～2个腋花芽结果最好。坐果的多少与品种特性、营养状况、气候状况和所处部位的光照条件等有关。一般一个果序可结果1～2个,有些品种也可着生3个及以上。着生于树冠外围的结果枝结果情况较好,光照条件好的内膛结果枝也能结果。健壮的结果枝在结果当年还可形成混合芽,结果枝中有96.2％于当年继续形成混合芽,而弱果枝中能形成混合芽的只占30.2％,说明核桃结果枝具有连续结实的能力。这与核桃喜光与合轴分枝的习性有关,随树龄增长,结果部位迅速外移,果实产量集中于树冠表层。早实核桃二次雌花一般也能结果,所结果实多呈穗状排列。二次果较小,但能成熟并具发芽成苗能力,苗木的生长状况同一次果的苗无差异,且能表现出早实特性,所结果实大小也正常。

2. 果实的发育

核桃果实发育过程是从雌花柱头枯萎到总苞变黄开裂、坚果成熟的整个过程。此时期的长短因品种、气候和生态条件而异,一般南方为170天左右,北方为120天左右。核桃果实发育大体可分为四个时期。

（1）果实速长期：一般在 5 月初到 6 月初,30 天左右,是果实生长最快的时期,其体积生长量占全年总生长量的 90% 以上,重量则占 70% 左右,日绝对生长量平均达 1 毫米以上。

（2）果壳硬化期：又称硬核期,北方在 6 月下旬。坚果果壳自基部向顶部逐渐变硬,种仁由糊状物变成嫩核仁,果实大小基本定型,生长量减小,营养物质开始迅速积累。

（3）油脂迅速转化期：亦称种仁充实期,从硬核期到果实成熟,果实略有增长,到 8 月上中旬停止增长,此时果实已达到品种应有的大小。种仁内淀粉、糖和油脂等含量迅速增加。同时,核仁不断充实,质量迅速增大,含水率降低,风味由甜淡变香脆。

（4）果实成熟期：8 月下旬至 9 月上旬。果实各部分已达该品种应有的大小,坚果重量略增加,青果皮由深绿、绿色逐渐变为黄绿色或黄色,有的出现裂口,坚果易脱出。据研究,此期坚果含油量仍有增加,为保证品质,不宜过早采收。

3. 疏花疏果及合理负载

（1）疏雌花：早实核桃因结果量大,容易造成果实变小,核壳发育不完整,种仁干瘪,发育枝少而短,结果枝细而弱,严重时造成大量枝条干枯,树体衰弱。为保证树体健壮、高产稳产、延长结果期,除了加强肥水管理和修剪复壮外,还要维持树体合理负载,疏除过多的雌花和幼果。

①疏花时间。雌花在发育过程中需要消耗大量树体内贮藏的营养。因此,从节约树体营养角度看,疏花时间宜从

现蕾到盛花末期进行。

②疏花方法。先疏除弱枝或细弱枝上的花,也可连同弱枝一同剪掉。每个花序有 3 朵以上时,视结果枝的强弱,可保留 3 朵。坐果部位在冠内要分布均匀,郁闭内膛可多疏。

(2)疏幼果:早实核桃以侧花芽结果为主,雌花量较大。盛花期后,为保证树体营养生长与生殖生长相对平衡,保持优质高产稳产和果实质量,必须疏除过多的幼果。否则会因结果太多造成果实变小,品质变差,严重时导致树势衰弱,枝条大量干枯死亡。

①疏果时间。可在生理落果后疏果,一般在雌花受精后 20~30 天,即子房发育到 1.0~1.5 厘米时进行。疏果量应依树势状况和栽培条件而定,一般以 1 平方米树冠投影面积保留 60~80 个果实为宜。

②疏果方法。先疏除弱枝或细弱枝上的幼果,也可连同弱枝一同剪掉。每个花序有 3 个以上幼果时,视结果枝的强弱,可保留 2~3 个。坐果部位在冠内要分布均匀,郁闭内膛可多疏。

4. 防止落花落果的措施

花期喷硼酸、稀土和赤霉素,可显著提高核桃树的坐果率。山西林业科学研究所 1991~1992 年进行了多因素综合实验,认为盛花期喷赤霉素、硼酸、稀土的最佳浓度分别为 54 克/千克、125 克/千克、475 克/千克。另外,花期喷 0.5% 尿素、0.3% 磷酸二氢钾 2~3 次能改善树体养分状况,促进坐果。

八 病虫害防治技术

　　危害核桃的病虫害种类繁多,目前已知的害虫有120多种,病害30多种。依据主要受害部位分为叶部病虫害、枝干病虫害、果实病虫害和根部病虫害,由于各核桃产区的生态条件和管理水平不同,病虫害的种类、分布及危害程度有很大差异。在防治方法上,以前多依赖毒性大、残效期较长的化学农药,因此产生了许多不良后果。近年各地要求在保证产地环境安全的前提下,强调产品食用安全,要遵循科学的防治原则,采取正确的防治措施。

　　要从生物和环境的总体状况出发,本着预防为主的指导思想和安全、经济、有效、简单的原则,充分利用自然界抑制病虫害的各种因素,创造不利于病虫害发生及危害的环境条件。以农业综合防治为基础,根据病虫害的发生规律,因时、因地制宜,合理运用物理措施、生物技术及化学药剂等,经济、安全、有效地控制病虫危害。同时还要保护有益生物,避免各种有害的副作用,注意各种措施有机协调和配合。充分利用农业综合措施,在保证人畜安全的前提下,合理选择防治方法,避免或减少对环境的污染和对生态平衡的破坏。

(一)主要病害防治技术

1.核桃炭疽病

核桃炭疽病在我国核桃产区均有产生,是核桃生产中危害最为严重的病害之一。核桃炭疽病潜伏期长、发病时间短、暴发性强,主要危害果实、叶、芽及嫩梢。一般果实染病率可达20%~40%,病重年份可高达95%以上,在果实成熟前10~20天迅速使果实发黑变烂,引起果实早落、核仁干瘪,严重影响核桃产量和品质,造成严重的经济损失。目前对核桃炭疽病的防治主要以化学防治为主。

(1)主要症状:果实受害后,果皮上出现褐色病斑,圆形或近圆形,中央下陷,病部有黑色小点产生,有时呈轮纹状排列。温度、湿度适宜时,在黑点处涌出黏性粉红色孢子团,即分生孢子盘和分生孢子。病果上的病斑,一至数十个,可连接成片,使果实变黑、腐烂或早落,其核仁无任何食用价值。发病轻时,核壳或核仁的外皮部分变黑,降低出油率和核仁产量。果实成熟前病斑局限在外果皮,对坚果影响不大。

叶片感病,多从叶尖、叶缘形成大小不等的褐色枯斑,其外缘有淡黄色圈。有的在主、侧脉间出现长条枯斑或圆褐斑。潮湿时,病斑上的小黑点产生粉红色孢子团。严重时,叶斑连片,枯黄而脱落。

芽、嫩梢、叶柄、果柄感病,在芽鳞基部呈现暗褐色病斑,有的还可深入芽痕、嫩梢、叶柄、果柄等,均出现不规则或长形凹陷的黑褐色病斑,引起芽梢枯干,叶、果脱落。

(2)发病规律:病菌在病枝、叶痕、残留的病果、芽鳞中越冬,成为次年初侵染源。病菌借风、雨、昆虫传播,在适宜的条件下萌发,从伤口、自然孔口侵入。在 25～28 ℃下,潜育期3～7天。核桃炭疽病比黑斑病发病晚。

核桃炭疽病的发生与栽培管理水平有关,管理水平差、株行距小、过于密植、通风透光不良,则发病重。

不同核桃品种抗病性差异较大,一般华北地区的核桃树比新疆核桃抗病,晚实型比早实型要抗病。但各有抗病性强和易感病的品种和单株。

(3)防治方法:

①调整植株株行距,加强栽培管理,改善园内和冠内的通风透光条件。

②结合修剪清除病枝、病果、落叶并集中烧毁,减少初次侵染源。

③选用抗病品种。

④发芽前喷 3～5 波美度石硫合剂。内吸性药剂有50%多菌灵可湿性粉剂 1 000 倍液、75%百菌清 600 倍液、80%戊唑醇 4 000 倍液、50%或 70%甲基托布津 800～1 000 倍液。生长期用 40%退菌特可湿性粉剂 800 倍液和1∶2∶200 的波尔多液交替使用,根据病情每 1 个月左右一次。

2. 核桃细菌性黑斑病

又称核桃黑斑病、核桃黑、黑腐病,在我国各核桃产区均有发生。该病主要危害核桃幼果、叶片、嫩梢和芽。一般植株感病率70%～100%,果实被害率10%～40%,严重时可达95%以上,造成果实变黑、腐烂、早落,使核仁干瘪,出仁率降低。

(1)主要症状:果实病斑初为黑褐色小斑点,后扩大成圆形或不规则的黑色病斑,无明显边缘,周围有水渍状晕圈。发病时,病斑中央下陷、龟裂并变为灰白色,果实略显畸形。危害严重时,导致全果迅速变黑腐烂,提早落果。幼果发病时,因其内果皮尚未硬化,病菌向里扩展可使核仁腐烂。接近成熟的果实发病时,因核壳逐渐硬化,发病仅局限在外果皮,危害较轻。

叶片染病,最先沿叶脉出现黑色小斑,后扩大成近圆形或多角形黑褐色病斑,外缘有半透明状晕圈,多呈水渍状。后期病斑中央呈灰色穿孔状,严重时整个叶片发黑、变脆,残缺不全。叶柄、嫩梢上的病斑长圆形或不规则形,黑褐色、稍凹陷,病斑绕枝干一周,造成枯梢、落叶。

(2)发病规律:病菌在病枝、溃疡斑、芽鳞和残留的病果等组织内越冬。翌年春季,借雨水或昆虫传播到叶和果实上,并多次进行侵染。细菌从伤口、毛皮孔或柱头侵入,病菌的潜育期一般为10～15天。该病发病早晚及发病程度与雨水关系密切,在多雨年份和季节发病早且严重。在山东、河南等省一般 5 月中下旬开始发生,6～7 月为发病盛期,核桃树冠稠密,通风透光不良,发病重。一般华北地区核桃比新疆核桃发病轻,弱树重于健壮树,老树重于中、幼龄树。目前,山东省果树研究所已选育出一些较抗病的优良株系。

(3)防治方法:

①加强田间管理。保持园内通风透光,砍去近地枝条,减轻潮湿和互相感病。结合修剪,除去病枝和病果,减少初侵染源。

②选育抗病品种。选育抗病品种是防治核桃黑斑病的主要途径之一,选择核桃品种时要把抗病性作为主要标准之一。

③发芽前喷 3～5 波美度石硫合剂,消灭越冬病菌,兼治介壳虫等其他病虫害。展叶后喷波尔多液 1～3 次。5 月上旬和 5 月底各喷一次 72%农用硫酸链霉素可溶性粉剂 4 200 倍液或 3%中生菌素可湿性粉剂 500 倍液。

3. 核桃溃疡病

核桃溃疡病是一种真菌性病害,主要危害幼树主干、嫩枝和果实,一般植株感病率在 20%～40%之间,严重时可达 70%～100%,可引起植株衰弱、枯枝甚至死亡。果实感病后,果实干缩、变黑腐烂、早落,品质和产量下降。该病在我国核桃产区均有发生。

(1)主要症状:该病多发生在树干及侧枝基部,最初出

现黑褐色近圆形病斑,直径 0.1～2.0 厘米,有的扩展成梭
形或长条病斑。在幼嫩及光滑的树皮上,病斑呈水渍状或
形成明显的水泡,破裂后流出褐色黏液,遇光变成黑褐色,
随后患处形成圆斑。后期病斑干缩下陷,中央开裂,病部散
生许多小黑点,即病菌的分生孢子器。严重时,病斑迅速扩
展或数个相连,形成大小不等的梭形或长条形病斑。当病
部不断扩大,环绕枝干一周时,则出现枯梢、枯枝或整株
死亡。

(2)发病规律:病菌以菌丝体在病部越冬。翌春气温回
升,雨量适中,可形成分生孢子,从枝干皮孔或伤口侵入,形
成新的溃疡病。该病与温度、雨水、大风等关系密切,温度
高,潜育期短,一般从侵入到症状出现需 1～2 个月。该病
菌是一种弱寄生菌,从冻害、日灼和机械伤口侵入,一切影
响树势衰弱的因素都有利于该病发生,如管理水平不高、树
势衰弱或林地干旱、土质差、伤口多的园地易感病。

(3)防治方法:

①选用抗病品种。

②加强田间管理,做好保水工作,增强树势,提高树体
抗病能力。防旱排涝,增施有机肥,改良土壤,合理整形修
剪,改善树冠结构。

③树干涂白,防止日灼和冻害。将病斑树皮刮至木质
部,然后在病斑处纵横割几个口子,涂刷 3～5 波美度石硫
合剂、1%硫酸铜液或 1∶3∶15 的波尔多液灭菌消毒。

4.核桃枝枯病

该病在全国各地均有发生,主要危害核桃枝干,尤其是1~2年生枝条易受危害,一般发病率为20%~30%,严重时可达80%。

(1)主要症状:1~2年生的枝梢或侧枝受害后,先从顶端开始,逐渐蔓延至主干,受害枝上的叶变黄脱落。发病初期,枝条病部失绿呈灰绿色,后变成红褐色或灰色,大枝病部稍下陷。当病斑绕枝一周时,出现枯枝或整株死亡,并在枯枝上产生密集、群生小黑点,即分生孢子器。湿度大时,大量分生孢子和黏液从盘中央涌出,在盘口形成黑色瘤状突起。

(2)发病规律:病菌在病枝上越冬,翌年借风、雨等传播,从伤口或枯枝侵入。此菌是一种弱寄生菌,只能危害衰弱的枝干和老龄树,因此发病轻重与栽培管理、树势强弱有密切关系。

(3)防治方法:

①坚持适地适树原则,加强栽培管理,保持健壮树势,提高抗病能力。

②结合修剪清除病枝、枯枝及枯死树,集中烧毁,减少初次侵染源,并做好冬季防冻工作。

③尽量减少衰弱枝和各种伤口,防止病原侵入。

④主干发病时,应及时刮除病部,并用15%硫酸铜或40%福美砷可湿性粉剂50倍液消毒,再涂抹煤焦油保护。

⑤6～8 月选用 70％甲基托布津可湿性粉剂 800～1 000 倍液或代森锰锌可湿性粉剂 400～500 倍液喷雾防治,每隔 10 天喷一次,连喷 3～4 次可收到有效的防治效果。及时防治云斑天牛、核桃小吉丁虫等蛀干害虫,防止病菌由蛀孔侵入。

5.核桃腐烂病

又称黑水病、烂皮病。该病属真菌性病害,主要危害核桃树皮,受害株率可达到 50％,高的达 80％以上。树皮受危害后导致枯枝,结实能力下降,甚至全株枯死。核桃腐烂病在同一株树上枝干阳面、树干分叉处、剪锯口和其他伤口处较多发生。同一园中,结果核桃园比不结果核桃园发病多,老龄树比幼龄树发病多,弱树比壮树发病多。该病主要在新疆、甘肃、河南、山东和四川等核桃产区发生。

(1)主要症状:幼树发病后,初期病部深达木质部,周围出现愈伤组织,呈现灰色梭形病斑,水渍状,手指压时流出液体,有酒糟味。中期病皮失水干陷,病斑上散生许多小黑点。后期病斑纵裂,流出大量黑水,当病斑环绕枝干一周时,即可造成枝干或全树死亡。成年树受害后,因树皮厚,病斑初期在韧皮部腐烂,许多病斑呈小岛状互相串联,周围集结大量的菌丝层,一般外表看不出明显的症状。当发现皮层向外流出黑液时,皮下已扩展为较大的溃疡面。营养枝或二年生侧枝感病后,枝条逐渐失绿,皮层与木质层剥离、失水,皮下密生黑色小点,呈枝枯状。修剪伤口感染发病后，出现明显的褐色病斑，并向下蔓延引起枝条枯死。

（2）发病规律：病菌在枝干病部越冬，第2年环境适宜时产生分生孢子，借助风、雨、昆虫等传播，从伤口、剪锯口、嫁接口等处侵入。病斑扩展要在4月中旬至5月下旬。一般粗放管理、水肥不足、树势衰弱或遭冻害或盐碱危害的核桃树易感染此病。

（3）防治方法：

①加强栽培管理。立地条件差、土层瘠薄、水肥不足的园区，增施有机肥料，以增强树势，提高树体营养水平。进行科学整形修剪，树冠郁闭的树要疏除过密枝，打开天窗。生长期间疏除下垂枝、老弱枝，调节树体结构，促进其健康生长，提高抗病力。适期采收，尽量避免用棍棒击伤树皮。

②及时彻底刮除病斑。大树刮除范围应超出变色坏死组织1厘米左右，达到刮口光滑、平整。刮后涂4～6波美度石硫合剂、1%硫酸铜液进行消毒，也可用50%甲基托布津可湿性粉剂50倍液消毒。

③树干涂白防冻。冬季日照较长的地区，过冬前先刮净病斑，然后涂白，以降低树皮温差，减少冻害和日灼。

④用50%甲基托布津、65%代森锰锌等50～100倍液涂刷树干，用200～300倍液涂抹嫁接伤口。

6.核桃白粉病

核桃白粉病主要危害叶、幼芽和新梢，引起早期落叶和死亡。在干旱季节和年份发病率高。

(1)主要症状:最明显的症状是叶片正、反面形成薄片状白粉层,秋季在白粉层中生出褐色至黑色小颗粒。发病初期叶片上有黄白色斑块,严重时叶片扭曲皱缩,提早脱落,影响树体正常生长。幼苗受害后,植株矮小,顶端枯死,甚至全株死亡。

(2)发病规律:病菌在脱落的病叶上越冬,翌年春季气温回升,遇雨水散出孢子,借气流等进行第1次传播。发病后分生孢子多次进行再侵染。温暖而干旱,氮肥多、钾肥少,枝条生长不充实时易发病,幼树比大树易受害。

(3)防治方法:

①科学施肥,增施有机肥,注意氮、磷、钾肥的合理配比,提高树体抗病力。

②合理灌水,加强树体管理,增强树体抗病力。

③及时清园,消除病源,以减少初次侵染源。

④发病初期喷施0.2~0.3波美度石硫合剂、70%甲基托布津800~1 000倍液或25%粉锈宁500~800倍液。

7.核桃褐斑病

该病由真菌引起,主要危害叶、嫩梢和果实,引起早期落叶、枯梢,影响树势和产量,主要发生在我国陕西、河北、吉林、四川、河南、山东等地。

(1)主要症状:核桃褐斑病是一种重要的叶部病害,可危害叶片、嫩梢、果实和芽,常常在当年的叶、果实和枝干上形成不规则的坏死斑。病斑直径通常为5～7毫米,病斑周围常常伴有晕圈,严重时可导致叶片焦枯、早落及果实早落。叶片受害后,首先出现小褐斑,随后逐渐扩大为近圆形或是不规则形病斑。随着病菌在叶组织内不断扩展,病斑表现为中部褐色、边缘绿色、最外围是一圈黄色的晕圈。发病后期,病叶上产生呈不规则排列的黑色小点,即分生孢子器和分生孢子。核桃褐斑病可在7月底8月初引起核桃树几乎落掉全部叶片,从而导致树木生长变缓,树势变弱,年复一年的落叶甚至可引起树木死亡。核桃褐斑病同样可危害果实,来自病树上的果实果肉黑色并且具有坏死斑点和干瘪等症状,在合适环境下果实上的病斑可连成一片,从而引起果实早落或果实不饱满,降低坚果的产量和品质。

（2）发病规律:病菌在病叶或病枝上越冬,翌年春季产生分生孢子,借风、雨传播,从伤口或皮孔侵入叶、枝或幼果。5月中旬到6月初开始发病,7～8月为发病盛期。多雨年份或雨后高温、高湿时发病迅速,造成苗木大量枯梢。

（3）防治方法:

①在秋季核桃植株落叶后,对核桃园内的枯枝落叶进行彻底清扫,并对树体修剪,彻底清除带病的枯枝落叶,有效降低翌年初侵染来源,从而有效降低核桃褐斑病的发生率。

②在每年4～6月份核桃生长前期,各喷一次1:2:

200 的波尔多液和 50％甲基托布津 800 倍液,效果良好。

8.核桃苗木菌核性根腐病

该病又叫白绢病,多危害一年生幼苗根系皮层,使主根及侧根皮层腐烂,地上部枯死,甚至全树死亡。该病在全国各地均有发生。

(1)主要症状:高温、高湿时,苗木根颈基部和周围的土壤及落叶表面有白色绢丝状菌丝体产生,随后长出小菌核,初为白色,后转为茶褐色。

(2)发病规律:病菌在病株残体及土壤中越冬,多从幼苗根颈部侵入,遇高温、高湿时发病严重。一般 5 月下旬开始发病,6～8 月为发病盛期,在土壤黏重、酸性土壤或前作是蔬菜、粮食等地块上育苗易发病。

(3)防治方法:

①避免连作,选排水好、地下水位低的地方为苗圃地,多雨地区采用高床育苗。

②每年晾土或换土 1 次。

③用 1％硫酸铜或 70％甲基托布津 500～1 000 倍液浇灌病树根部,再将消石灰撒入苗根颈部及根际土壤,或用代森铵水剂 1 000 倍液浇灌土壤,对病害均有一定的抑制作用。

9.核桃灰斑病

(1)主要症状:主要危害叶片,叶片上产生圆形病斑,直径为 3～8 毫米,初浅绿色,后变成暗褐色,最后变为灰白色,边缘为黑褐色。后期病斑上生出黑色小点,即病菌分生孢子器。病情严重时,造成早期落叶。河北、陕西等地区均有发生。

(2)发病规律:病菌以菌丝和分生孢子器在叶片上越冬,翌年春季产生分生孢子,借风、雨传播,引起发病,雨季进入发病盛期,降雨多且早的年份发病重。该病菌主要侵染核桃叶片,引起具有明显边缘的病斑,但病斑不扩大。发病严重时,每片叶上可产生许多病斑。管理粗放、枝叶过密、树势衰弱易发病。

(3)防治方法:

①科学施肥,增施有机肥,注意氮、磷、钾肥的配比,提高树体抗病力。

②合理灌水,加强树体管理,增强树体抗病力。

③加强管理,防止枝叶过密,注意降低核桃园湿度,以减少侵染。及时清园,消除病源,以减少初次侵染源。

④发病初期喷施 50% 可灭丹(苯菌灵)可湿性粉剂 800 倍液或 50% 甲基硫菌灵·硫黄悬浮剂 900 倍液。第 1 次喷药后,视病情发展情况,可每隔 10～15 天喷一次,病情重的连喷 2～3 次。

10. 核桃冠瘿病

细菌病害,由癌肿野杆菌侵染所致,危害核桃枝干,产生大小不等的瘤,初光滑,以后表面逐渐开裂、粗糙。病菌在癌瘤组织的皮层内或依附病残根在土壤中越冬,借灌溉水、雨水等传播,远距离传播的主要途径为苗木调运。排水不良、土壤黏重时常发病重。

(1)主要症状:冠瘿病主要发生在幼苗和幼树枝干、干基部和根部,初期在被危害处形成表面光滑的瘤状物,难以与愈伤组织区分。但较愈伤组织发育快,后期形成大瘤,瘤面粗糙并龟裂,质地坚硬,可轻轻将瘤掰掉,表面渐开裂变粗糙,瘤的直径最大可达30厘米。受害树木生长衰弱,如果根颈和主干上的病瘤环绕一周,则寄主生长趋于停滞,叶片发黄而早落,甚至枯死。

(2)发病规律:病菌在癌瘤组织的皮层内或依附病残根在土壤中越冬,在土壤中能存活2年以下,借灌溉水、雨水等传播,传播的主要途径为苗木远距离调运。从伤口侵入,潜育期几周至1年以上。排水不良、土壤碱性、土壤黏重时常发病重。

(3)防治方法:

①加强苗木检疫,严禁病苗进入造林地。

②选用未感染该病、土壤疏松、排水良好的沙壤土育苗。加强栽培管理,注意圃地卫生。起苗后清除土壤内的病根,从无病母树上采接穗并适当提高采穗部位,中耕时防止伤根,及时防治地下害虫,嫁接尽量用芽接法,嫁接工具在75%的酒精中浸15分钟消毒,增施有机肥如绿肥等。

③如圃地已被病菌污染,可用硫酸亚铁、硫黄粉5～45千克/亩进行土壤消毒。

④大树得病后,可用利刀将病组织切除,再用1‰硫酸铜溶液或2‰石灰水消毒伤口,最后用波尔多液保护。切下的病组织应集中烧毁。

(二)主要虫害防治技术

1. 核桃云斑天牛

核桃云斑天牛属鞘翅目,天牛科,又称铁炮虫、核桃天牛、钻木虫等。主要危害枝干,受害树有的主枝及中心干死亡,有的整株死亡,是核桃树的一种毁灭性害虫。该虫广泛分布于河北、安徽、江苏、山东等地。

(1)发生规律及习性:该虫因地域不同,每1年发生1代或2～3年发生1代,以幼虫或成虫越冬。越冬幼虫翌年春季开始活动,危害皮层和木质部,并在蛀食的隧道内老熟化蛹,蛹羽化后从蛀孔飞出,5至6月交配产卵,6月中下旬为产卵盛期。卵期为10～15天,卵孵化后,幼虫先危害皮层,被害处变黑,树皮逐渐胀裂,流出褐色液体。随着虫体增长,逐渐深入木质部危害,虫道弯曲,不断由蛀孔向外排出虫粪,堆积在树干周围。第1年幼虫在虫道内越冬,翌年继续危害。第2年老熟幼虫在虫道顶端做蛹室,9月下旬羽化,然后在蛹室越冬。第3年核桃树发枝时,爬出,取食叶片及新梢嫩皮,昼夜飞翔,晚间活动多,有趋光性。产卵前将树干表皮咬一个月芽形伤口,将卵产于皮层中间。卵多产在主干或粗的主枝上,每头雌虫产卵40粒左右。

（2）防治方法：

①捕杀成虫。利用成虫的趋光性，于5～6月份的傍晚，持灯到树下捕杀成虫。也可对树冠上的成虫利用其假死性将其振落捕杀。

②人工杀卵和幼虫。在成虫产卵期间或产卵后，重点检查核桃树主干2米以下，发现产卵刻槽可用锤敲击，杀死卵或幼虫。发现排粪孔后，用铁丝将虫粪除净，然后塞毒签或药棉球，并用泥土封好虫孔以毒杀幼虫。

③涂白。秋冬季至成虫产卵前，可将生石灰5千克、硫黄粉0.5千克、食盐0.25千克、水20千克充分混匀后涂于核桃树干基部2米以下，以阻止成虫产卵或杀死幼虫。

④7～8月间在产卵刻槽上喷50%杀螟硫磷乳油400倍液，毒杀卵及初孵幼虫。

2. 刺蛾类

刺蛾类属鳞翅目刺蛾科，又名洋拉子、八角等。幼虫取食叶片，仅留上表皮，叶片出现透明斑。3龄后幼虫把叶片吃成许多小洞、缺刻，影响树势。幼虫体上有毒毛，触及人体会刺激皮肤发痒发痛。刺蛾的种类主要有黄刺蛾、绿刺蛾、褐刺蛾和扁刺蛾等，在全国均有发生。

（1）发生规律及习性：黄刺蛾1年发生1～2代，以老熟幼虫在枝条分杈处或小枝条上结茧越冬。翌年5～6月化蛹，6月中旬至7月中旬开始羽化。8月中旬第1代成虫羽化产卵，第2代幼虫危害至10月份。绿刺蛾1年1～

3代,以老熟幼虫在树干基部结茧越冬,6月上旬开始羽化,8月是幼虫危害盛期。褐刺蛾1年1～2代,以老熟幼虫在土中做茧越冬。扁刺蛾1年1～2代,以老熟幼虫在树下的土中做茧越冬,6月上旬开始羽化,幼虫危害期在8月中下旬。

(2)防治方法:

①秋季结合修剪,铲除虫茧并深埋。

②成虫出现期,根据其趋光特性,每天用杀虫灯诱杀成虫。

③保护或释放天敌,如上海青蜂、姬蜂、螳螂等。

④当初孵幼虫群聚未散时,摘除病叶并烧毁。也可喷苏云金杆菌(Bt)500倍液或90%晶体敌百虫、50%辛硫磷乳油1 000倍液。

3. 核桃瘤蛾

核桃瘤蛾又名核桃毛虫,属鳞翅目瘤蛾科。幼虫危害叶片,是一种暴食性害虫,严重时可将核桃叶片全部吃光,造成二次发芽,枝条枯死,树势衰弱,产量下降,主要分布于山西、河北、河南、陕西等省。

(1)发生规律及习性:1年发生2代,以蛹、茧在树冠下的石块或土块下、树洞中、树皮缝中、杂草内越冬。翌年5月下旬开始羽化,6月上旬为羽化盛期,6月为产卵盛期,卵散产于叶背面主侧脉交叉处。幼虫3龄前在叶背面啃食叶肉,不活动,3龄后将叶吃成网状或缺刻,仅留叶脉。白天到两果交接处或树皮缝内隐避不动,晚上再爬到树叶上取食。第1代老熟幼虫下树盛期为 7 月中下旬,第 2 代下树盛期为 9 月中旬,9 月下旬全部下树化蛹越冬。

(2)防治方法:

①利用幼虫白天在树皮缝隐蔽和老熟幼虫下树做茧化蛹的习性,在树干上绑草诱杀。

②6 月上旬至 7 月上旬成虫大量出现期间设黑光灯诱杀。

③秋冬刮树皮、刨树盘及土壤深翻,消灭越冬茧。

④6~7 月幼虫发生期喷施 95% 敌百虫 1 000~2 000 倍液或 50% 敌百虫 800~1 000 倍液。

⑤保护利用自然天敌,如释放赤眼蜂等。

4. 核桃举肢蛾

核桃举肢蛾俗称核桃黑,属鳞翅目举肢蛾科,主要危害果实,是造成核桃产量低、品质差的主要害虫。以幼虫蛀入幼果,使幼果皱缩、发黑,核桃仁发育不良、干缩。蛀蚀果柄,引起落果,造成核桃树产量大幅度下降,使果农经济效益大大受损,在山东、四川、贵州、山西、陕西、河南、河北等核桃产区普遍发生。

(1)发生规律及习性:每年发生 1~2 代,越冬幼虫于 4 月底化蛹,5 月出现成虫,5~7 月是第 1 代幼虫危害期。幼虫在青果皮中纵横蛀食,蛀孔附近首先变黑,以后变黑部分逐渐扩大。7 月底 8 月初是第 1 代成虫发生盛期,

8～9月为第2代幼虫危害期,以后幼虫老熟脱果入土结茧越冬。

(2)防治方法:

①冬季土壤结冻前彻底清除树下枯枝落叶和杂草,刮除树干基部的翘皮,集中烧毁,并深翻土壤,消灭越冬害虫。

②采果后至土壤封冻前或翌年早春进行树下深翻,深度约为15厘米。结合耕翻可在树冠下的地面上撒施5%辛硫磷粉剂,每公顷用30千克。

③成虫羽化前树盘覆土2～4厘米,阻止成虫出土,或每株树冠下撒25%西维因粉剂0.1～0.2千克杀灭成虫。

④7月上旬幼虫脱果前捡拾落果、摘除被害果,深埋杀灭幼虫。

⑤自成虫产卵期开始,每隔半月向树上喷一次25%西维因600倍液或敌杀死5 000倍液,连喷3～4次。

⑥6月每公顷释放松毛虫、赤眼蜂等天敌450万头,控制危害程度。

5. 核桃小吉丁虫

核桃小吉丁虫属鞘翅目吉丁虫科,是核桃树的主要害虫之一,全国各核桃产区均有发生,主要危害枝条,严重地区危害率达90%以上。以幼虫蛀入2～3年生枝干皮层,螺旋形成圈危害,故又称串皮虫。枝条受害后常表现枯梢,树冠变小,产量下降。幼树受害严重时,易形成小老树或整株死亡。

(1)生活习性:该虫1年发生1代,以幼虫在2～3年生被害植株中越冬。6月上旬至7月下旬为成虫产卵期,7月下旬到8月下旬为幼虫危害盛期。成虫喜光,树冠外围枝条产卵较多。生长弱、枝叶少、透光好的树受害严重,枝叶繁茂的树受害较轻。成虫寿命12～35天,卵期约10天,随着虫龄的增长,逐渐深入到皮层危害,直接破坏输导组织。被害枝条表现出不同程度的落叶和黄叶现象,这样的枝条不能完全越冬。

(2)防治方法:

①加强栽培管理,通过深翻改土、增施有机肥、适时追肥、合理间作及整形修剪等综合技术措施,增强树势,提高核桃树抗虫害能力。

②彻底剪除虫枝,消灭虫源。结合采收核桃,把受害枝条彻底剪除,或在发芽后成虫羽化前剪除,集中烧毁,以消灭虫源。

③诱杀虫卵。成虫羽化产卵期设置诱饵,诱集成虫产卵,再及时烧掉。

④核桃小吉丁虫有2种寄生蜂,自然寄生率为16%～56%,释放寄生蜂可有效降低越冬虫口基数,减轻虫害。

⑤在成虫发生期,结合防治核桃举肢蛾等害虫进行树冠药剂喷雾,7天喷一次,连续喷3次。树冠上下、内外要喷均匀,若喷后下雨,雨后再补喷。可选用10%氯氰菊酯2 000倍液、1.8%阿维菌素4 000～6 000倍液。

6. 核桃扁叶甲

核桃扁叶甲又称核桃叶甲、金花虫,属鞘翅目叶甲科扁叶甲属。以成虫和幼虫取食叶片,将叶片食成网状或缺刻,甚至将叶全部吃光,仅留主脉,形似火烧,严重影响树势及产量,有的甚至造成全株枯死。主要分布于黑龙江、吉林、辽宁、河北、甘肃、江苏、山东等地区。

(1)生活习性:1 年发生 1 代,以成虫在地面覆盖物或树干基部的皮缝中越冬。成虫于 5 月初开始活动,并产卵于叶片背面,幼虫孵化后群集叶背取食,只残留叶脉。5～6 月为成虫和幼虫同时危害期。

(2)防治方法:

①冬春季刮除树干基部的老翘皮并烧毁,消灭越冬成虫。

②4～5 月成虫上树时,用黑光灯诱杀。

③4～6 月喷 10％氯氰菊酯 8 000 倍液防治成虫和幼虫,防治效果好。

7. 木橑尺蠖

木橑尺蠖又名小大头虫、吊死鬼,属于鳞翅目尺蛾科。幼虫对核桃树危害很大,大发生时,幼虫在 3～5 天内即可把全树叶片吃光,致使核桃减产,树势衰弱。受害叶出现斑点状半透明痕迹或小孔洞。幼虫长大后沿叶缘将叶片吃成缺刻,或只留叶柄。主要分布于河北、河南、山东、山西、陕西、四川、台湾、北京等地。

(1)生活习性:每年发生 1 代,以蛹在树干周围的土中或阴湿的石缝、梯田壁内越冬,翌年 5～8 月冬蛹羽化,7 月中旬为羽化盛期。成虫出土后 2～3 天开始产卵,卵多产于寄主植物树皮缝或石块中,幼虫发生期在 7 月至 9 月上旬,8 月上旬至 10 月下旬老熟幼虫做蛹越冬。幼虫活泼,稍受惊动即吐丝下垂。成虫不活泼,喜晚间活动,趋光性强。5 月降雨有利于蛹生存,南坡越冬死亡率高。

(2)防治方法:

①用黑光灯诱杀成虫,也可在早晨成虫翅潮湿时捕杀。

②成虫羽化前,在虫口密度大的地区组织人工于早春、晚秋挖蛹集中杀死。

③各代幼虫孵化盛期喷 90% 敌百虫 800～1 000 倍液、50% 辛硫磷乳油 1 200 倍液或 50% 马拉硫磷乳油 800 倍液。

8.草履蚧

草履蚧又名草鞋蚧,属同翅目绵蚧科,我国大部分地区都有分布。该虫吸食汁液,致使树势衰弱,甚至枝条枯死,影响产量。被害枝干上有一层黑霉,受害越重黑霉越多。

(1)生活习性:1 年发生 1 代,以卵在树干基部的土中越冬,卵孵化早晚受温度影响。初龄若虫行动迟缓,天暖上树,天冷回到树洞或树皮缝隙中隐蔽,最后到 1～2 年生枝条上吸食危害。雌虫经 3 次蜕皮变成成虫,雄虫第 2 次蜕皮后不再取食,下树在树皮缝、土缝、杂草中化蛹。蛹期 10

天左右,4月中旬至下旬羽化,与雌虫交配后死亡。雌成虫6月前后下树,在根颈部的土中产卵后死亡。

(2)防治方法:

①冬季结合刨树盘,挖除在根颈附近土中越冬的虫卵。

②早春若虫未上树前,刮除树干基部的老皮,涂宽约15厘米的黏虫带。黏胶的一般配法为废机油和石油沥青各一份,加热溶化后搅匀即成。

③若虫上树前,用6%柴油乳剂喷洒根颈部周围的土壤。

④草履蚧若虫上树后,当若虫大多处于1龄期时,用高效氯氰菊酯乳油1 500倍液或10%吡虫啉可湿性粉剂1 500倍液均匀喷洒树体与地面进行防治。

⑤保护红缘瓢虫、大红瓢虫等天敌。

9.核桃缀叶螟

核桃缀叶螟又名卷叶虫,属鳞翅目螟蛾科。以幼虫卷叶取食危害,严重时把叶吃光,影响树势和产量,分布于全国各核桃产区。

(1)生活习性:1年1代,以老熟幼虫在土中做茧越冬,距树干1米范围内最多,入土深度10厘米左右。6月中旬至8月上旬为化蛹期,7月上中旬开始出现幼虫,7~8月为幼虫危害盛期。成虫白天静伏,夜间活动,将卵产在叶片上。初孵幼虫群集危害,用丝黏结叶片成团,幼虫居内取食叶片,留下叶脉和下表皮,呈网状;老幼虫白天静伏,夜间取食。一般树冠外围枝、上部枝受害较重。

（2）防治方法：

①于土壤封冻前，在受害的根颈处挖虫茧，消灭越冬虫卵。

② 7～8 月幼虫危害盛期，及时剪除受害枝叶，消灭幼虫。

③ 7 月中下旬，选用 20％灭幼脲Ⅲ号 2 000 倍液、杀螟杆菌 80 倍液、50％杀螟松乳剂 1 000～2 000 倍液或 25％西维因可湿性粉剂 500 倍液喷树冠，防治幼虫效果很好。

10. 铜绿丽金龟

铜绿丽金龟又名铜绿金龟子、青铜金龟、硬壳虫等，属于鞘翅目丽金龟科。幼虫主要危害根系，成虫则取食叶片、嫩枝、嫩芽和花柄等，将叶片吃成缺刻或吃光，影响树势及产量，在全国各地均有分布。

（1）生活习性：1 年发生 1 代，以幼虫在土壤深处越冬，翌年春季幼虫开始危害根部，5 月化蛹，成虫出现期为 5～8 月，6 月是危害盛期。成虫常在夜间活动，有趋光性。

（2）防治方法：

①成虫大量发生期可用黑光灯诱杀，也可用马灯、电灯、可充电电瓶灯诱杀。

②利用成虫的假死性，人工振落捕杀。

③保护利用天敌，铜绿金龟子的天敌有益鸟、刺猬、青蛙、寄生蝇、病原微生物等。

④6～7月成虫危害高峰期,可用50%马拉硫磷乳油800～1 000倍液或50%辛硫磷乳油800～1 000倍液在树冠上喷雾防治。

11. 大青叶蝉

大青叶蝉又名浮尘子、大绿叶蝉、青叶跳蝉等,属同翅目叶蝉科,在全国各地多有发生。在果树上刺吸危害枝条和叶片,但危害作用最大的是成虫成群结队地在果树当年生枝条皮层内产卵,产卵器刺破枝条表皮,使枝条表皮呈月牙状翘起,破坏皮层,造成水分大量散失,枝条抗寒能力下降,影响冬芽萌发或整段枯死。对幼树的危害尤其明显,危害轻者树势衰弱,严重时全株死亡。

(1)生活习性:在北方1年发生3代,第1、2代在农作物和蔬菜上危害,第3代成虫迁移到果树上产卵,并以卵越冬。第3代成虫产卵于果树1～2年生枝条上,产卵器刺破表皮,形成月牙形伤口,每个伤口内有卵7～10粒。春季果树萌芽时卵孵化为幼虫,在杂草、农作物、蔬菜上危害。若虫期22～47天,第1代成虫5月下旬开始发生,6～8月为第2代成虫发生期,8～11月出现第3代成虫,各代重叠发生,10月中旬后则转移到果树上产卵过冬,10月下旬为产卵盛期。每头雌虫可产卵50粒左右,夏季卵期9～15天,冬季卵期5个月以上。成虫喜在潮湿背风处栖息,早晨或黄昏气温低时,成虫、若虫多潜伏不动,午间气温高时较活跃。

（2）防治方法：

①果园除草,可翻园压绿或喷除草剂。

②有条件的果园,夏天夜晚灯光诱杀第 1、2 代成虫。1～5 年生幼树,于第 3 代成虫产卵前枝干涂白。

③自 9 月下旬至 10 月上旬每隔 10 天左右喷一遍药,效果较好,对果树、间作物、诱集作物、杂草同时喷药,可选用 6％吡虫啉乳油 3 000～4 000 倍液、5％啶虫脒乳油 5 000～6 000 倍液。

12. 核桃横沟象

核桃横沟象又名核桃黄斑象甲、根象甲,属鞘翅目象甲科,主要以幼虫在根颈部韧皮层中取食危害。幼虫刚开始危害时,根颈皮层不开裂,开裂后虫粪和树液流出,根颈部有大豆粒大小的成虫羽化孔。受害严重时,皮层内多数虫道相连,充满黑褐色粪粒及木屑,被害树皮层纵裂,并流出褐色汁液。该虫在核桃树根颈部皮层中串食,破坏了树体的输导组织,阻碍了水分和养分正常运输,致使树势衰弱,核桃减产,甚至树体死亡。主要分布于陕西、河南、云南、四川等地区。

（1）生活习性:2 年发生 1 代。幼虫危害期长,每年 3～11 月均能蛀食,12 月至翌年 2 月为越冬期。90％的幼虫集中在表土下 5～20 厘米,侧根距主干 140～200 厘米处也有危害。蛹期平均 17 天左右,以幼虫和成虫在根皮层内越冬,越冬的老熟幼虫 4～5 月在虫道末端化蛹,8 月上旬结束。初羽化的成虫不食不动,在蛹室停留 10～15 天,然后爬出羽化孔,经 34 天左右取食树叶、根皮补充营养。5～10 月为产卵期。成虫除取食叶片外,还取食根部皮层,爬行快,飞翔力差,有假死性和弱趋光性。

(2)防治方法:

①清洁田园,集中烧毁虫枝、虫果、虫叶,减少虫源。整枝修剪、加强土肥水管理,增强树势,提高核桃抗虫能力。

②根颈处涂石灰浆。成虫产卵前,将根颈部土壤扒开,根颈涂抹石灰浆后进行封土,阻止成虫在根颈上产卵,防治效果很好,达 95% 以上。

③冬季结合垦复树盘,挖开根颈处的泥土,刮除根颈粗皮,降低根部湿度,造成不利环境条件,使其幼虫死亡。

④利用寄生蝇、黄蚂蚁、黑蚂蚁、白僵菊等天敌抑制核桃横沟象的发生与发展。

⑤5～8 月成虫发生期,结合防治核桃举肢蛾喷 50% 三硫磷乳油 1 000 倍液或 50% 杀螟松乳油 1 000 倍液。

13. 核桃根结线虫

核桃根结线虫病是由根结线虫引起的病害,植株根部受害后,根部根结量增多,瘤块变大、发黑、腐烂,使根系的根量明显减少,须根不发达,影响根的吸收机能。全株表现为生长衰弱,矮小,发育缓慢,叶色变淡,叶片萎蔫乃至整株死亡,严重影响核桃生长和结实。核桃根结线虫病分布比较广泛。

（1）生活习性：根结线虫本身移动能力很小，主要是通过苗木、土壤、肥料和灌溉水传播。根结线虫多分布在0～20厘米土壤内，特别是3～9厘米土壤中线虫数量最多，幼虫、成虫及遗落的卵均可在土中越冬。2龄幼虫侵入寄主后，在根皮和中柱之间危害并刺激根组织过度生长，形成根瘤，一年可进行数次侵染。成虫在土温25～30℃、土壤相对湿度40％～70％左右时，生长发育最适宜。幼虫一般在10℃以下即停止活动，55℃时10分钟死亡。感病时间越长，根结线虫越多，发病越重。在无寄主条件下可存活一年。

（2）防治方法：

①深耕土地，将表土翻至25厘米以下，深翻后增施腐熟的有机肥，如鸡粪、棉籽饼，不施用未腐熟的带线虫的有机肥，可减轻线虫危害和发生。

②严格进行苗木检疫，拔掉病株并烧毁；选用无线虫土壤育苗，轮作不感染此病的作物1～2年。避免在种过花生、芝麻、楸树的地块上育苗。深翻土壤可减轻病情。

③可用溴甲烷、氯化苦或甲醛喷洒土壤或熏蒸土壤，用80％二溴丙烷乳剂、二溴乙烷、50％壮棉氮、克线磷等农药也有一定防治效果，可采用穴施、沟施等方法。使用药剂时一定要注意使用说明。

九 主要自然灾害的防御

核桃树栽培生产过程中经常遇到自然灾害,主要包括冻害、早春晚霜危害和冬季抽条等。

(一)冻害

冻害是指受到低温,特别是剧烈的变温使树体器官和组织受害。冻害主要有两种,一是在冬季休眠期绝对低温的出现,若低温超出了果树在休眠期能忍受的低温范围,就会产生冻害。二是秋末冬初或早春晚霜冻害。

1. 冬季冻害种类

(1)严寒冻害:深冬温度低于核桃树所能耐受的极限温度,并且持续时间较长,对核桃树枝干造成冻害。这种冻害较轻时,雄花芽、叶芽(含混合芽)受冻,鳞片开裂、芽体干枯。较重时,主干或骨干枝冻裂,根茎以上韧皮部、形成层、木质部乃至髓心变褐,或形成局部冻斑,再严重的根茎、树干韧皮部、形成层、木质部、髓心全部变褐坏死。

核桃幼树在-20 ℃条件下就出现冻害,成龄树最低可耐-30 ℃低温,但-26～-28 ℃低温时,枝条、雄花芽和叶芽均受到冻害。如果低温持续时间长，－22 ℃的低温也可造成枝条、雄花芽和叶芽冻害。

（2）冻融交替引起的冻害：暖冬、初冬或早春季节，如果昼夜温差过大，白天温暖，气温在 0 ℃以上，且天气晴朗，夜间寒冷，气温在－10 ℃以下，那么白天树干韧皮部细胞液融化，夜间细胞液结冰，如此反复多次，就会造成该部位细胞损伤，形成冻害。这种冻害的主要症状是树干西南方位皮部组织变褐，形成冻斑，且靠近根颈处最易受冻。

（3）初冬冻害：此类冻害偶有发生，发生原因是初冬季节核桃树体尚未正式进入休眠期，生长旺盛的幼树和立地条件好的初果期树还没有完全落叶或刚开始落叶，树体内部代谢依然比较旺盛，枝条组织抵抗低温能力较差，如遇骤然降温，会使树体韧皮部和形成层受到伤害。这时的冻害以枝干为主，且以幼树和旺长树为主，主要表现是枝条韧皮部和形成层组织变褐，继而造成枝条枯死。严重的可造成5～10年生枝干局部或全部韧皮部、形成层组织变褐甚至死亡。

2. 冻害的主要防治措施

核桃树发生冻害的主要原因是气候，但核桃树本身贮存营养状况和枝条的充实程度也是影响冻害程度的重要因素。采用适当的栽培技术和管理方法可以在一定程度上减轻甚至避免核桃树冻害的发生。

（1）科学规划，适地适树：为了避免因冻害造成损失，种植核桃必须根据核桃生物学特性和自然分布特点，明确适宜栽培区和次适宜区。在此基础上，再根据适宜栽培区内的局部小气候特点、土壤和肥水状况进行规划。

（2）加强管理，提高树体的抗寒能力：一是加强肥水管理，提高树体的营养水平，增施有机肥。每年果实采收后至落叶前尽可能早施入有机肥，利用秋季根系生长高峰期，提高树体营养贮藏水平。生长季节前期，根据树体生长和结果需要，及时施入足量速效肥，并及时灌水。生长后期控制氮肥和浇水，避免秋后新梢旺长。二是做好疏花疏果工作，合理调节结果量，避免因结果过多而影响树体营养积累，降低越冬抗寒能力。

（3）越冬前树干刷干涂白：入冬以前，核桃树主干和一级骨干枝基部涂白，可以提高核桃树枝干的抗寒能力，特别是可以避免冻融交替对树干的伤害。在休眠期涂刷树干还可以防治腐烂病、溃疡病等。

（4）幼树防寒：结果以前的幼树，包括刚改接的树，新梢生长旺盛，停止生长晚，越冬时枝条组织充实程度差，容易发生冻害或抽条。主要预防措施包括：

①加强肥水管理。在正常施入基肥和追肥的基础上，注重叶面喷肥，6月份以前喷0.3%～0.5%尿素，促进新梢和幼树快速生长，扩大树冠。进入7月份后喷施0.3%～

0.5％磷酸二氢钾,每隔 12～15 天施用一次,提高新梢组织充实程度。8 月份以后要注意肥水,并减少浇水和氮肥施用量,以避免秋梢徒长。

②摘心。8 月底至 9 月初,对没有停止生长的幼树新梢要进行人工摘心,强制促其停止生长。如摘心后出现二次生长,保留两片叶进行二次摘心。

③埋土防寒。栽后 1～2 年的幼树,将树干向嫁接口的反方向压倒埋土防寒,埋土厚度要达到 20 厘米以上,这是幼树防寒最有效的措施。树体较大无法压倒的,可以在入冬以前用聚乙烯醇涂抹幼树的所有枝干和新梢,然后在幼树基部堆高 30～40 厘米的土堆,对防止早春新梢抽条也有较好的效果。

(二)晚霜危害

1.影响晚霜发生的因素

(1)气候:山东省核桃产区晚霜危害主要发生在 4 月上中旬,尤以 4 月上旬最为常见,常发生在上一年出现暖冬时。受暖冬的影响,核桃树物候期提前,幼嫩组织及花器抗性差,极易受害。晚霜发生的时期越晚,危害越大。

(2)地形、地势:晚霜危害的程度与核桃园所处的地理位置有关,河滩地、山洼地、受北风侵袭的北坡地受害较重,低洼地较重。

(3)树势:树体健壮抵抗能力强,受晚霜危害较轻;树势衰弱或结果较多,受晚霜危害较重。

2.晚霜的发生特点及危害特征

(1)辐射霜冻:霜冻时间一般只是早晨几个小时,使局部果园气温下降到-1~-2℃,持续时间短,危害较小,较易预防。

(2)平流霜冻:由于强大寒流侵袭,果园温度降至-3~-7℃,甚至可达-10℃,涉及范围大,一般防霜措施效果不大。

(3)混合霜冻:指第1、2类霜冻同时发生,危害最重。

晚霜对核桃幼芽、花、幼果及嫩梢危害较大,危害程度和部位因霜冻种类、强度、持续时间长短而异。核桃萌芽后,若温度降到-1~2℃,花、果易受冻,温度降到-2~-4℃,新梢也易受冻。辐射霜冻一般在核桃萌芽至展叶期发生较多,常使低洼、沟岔、山麓的局部核桃树的部分花、果、幼叶受冻,造成减产。平流霜冻常使迎风山坡、山顶及沟谷的核桃树的花、果受冻,严重时甚至绝收,部分嫩梢受冻而变黑。混合霜冻常使发生区的核桃花、果、新梢全被冻死,只能重发新枝,部分弱树被冻死。核桃树被晚霜危害后常引发腐烂病和溃疡病,造成树势衰弱,果实品质下降。

3.防御晚霜危害的措施

(1)合理建园,选择晚发芽的核桃品种:建立核桃园时,应选择向阳坡面、平原地等受晚霜危害较轻的地块。在晚霜多发地区,选择发芽迟、花期较晚的核桃品种,并配置适宜授粉树,以适应低温环境和避开霜冻期,减轻晚霜的危害,这是预防晚霜危害的有效措施。山东省果树研究所选育的秋香核桃,在泰安地区 4 月中旬发芽,发芽期较"香玲"晚两周左右,可有效避开晚霜危害。

(2)培育健壮的树体:加强综合管理,增强树体自身抵抗力。一是要增施农家肥和磷、钾肥。早实核桃 1～10 年生树每平方米冠幅面积年施肥量为氮肥 50 克、磷肥 20 克、钾肥 20 克、有机肥 5 千克。秋季落叶时和春季发芽前施有机肥,生长季追肥 2～3 次,以速效肥为主。二是合理负荷,防止发生大小年使树体早衰。三是适时防治病虫害,特别是核桃腐烂病、溃疡病等。发现病斑随即刮除,病斑皮集中烧毁。刮后涂 20% 农抗 120 水剂 30 倍液 2 次,或涂 4～6 波美度石硫合剂,或涂上 3～4 厘米厚的细泥,超出病斑边缘 3～4 厘米,用塑料纸裹紧。溃疡病病斑刮除后还可用 1:1:8 的硫菌灵涂治。随时剪除病枝、病果、病叶并深埋。于发芽前、6～7 月和 9 月分别对主干、主枝中下部喷布 2～3 波美度的石硫合剂。

(3)延迟发芽,减轻霜冻程度:

①春季灌水、喷水。春季多次灌水、喷水能降低土温,延迟发芽。萌芽后至开花前灌水 2～3 次可延迟开花 2～3 天,连续定时喷水可延迟开花 7～10 天。

②利用腋花芽结果。腋花芽分化较晚,故萌芽开花较顶花芽晚。早实核桃腋花芽率高,应尽量加以利用。

③枝干涂白。春季主干和主枝涂白,减少其对太阳热能的吸收,可延迟发芽和开花 3~5 天。某些果园实验表明,早春树冠喷布 7%~10%石灰液可延迟花期 3~5 天,这在春季温度变化剧烈的大陆性气候区效果尤为显著。幼树表面可用聚乙烯醇胶涂抹保护免受冻害。

(4)改善果园小气候:

①加热法。此法是现代防霜冻较先进而有效的方法。在果园内每隔一定距离放置一个加热器,在晚霜来临时点火加温,由于热空气上升、冷空气下沉,在园内形成一个暖气层。加热法适用于大果园,果园太小时微风会将暖气吹走。

②吹风法。辐射霜冻是在空气静止的情况下发生的,如利用大型吹风机流通空气,吹走冷气,可以起到预防霜冻效果。

③果园熏烟。最低气温不低于 −2 ℃时,可进行园内熏烟,以减少土壤热量的辐射散发,同时烟粒吸收湿气,使水汽凝成液体而释放潜热,从而提高气温。常用干草、刨花、秫秸等与潮湿的落叶、草根、锯屑等分层交互堆起,堆高 1 米以下,覆一层土,中间插上木棒,以利于点火和出烟。烟堆在果园四周和内部分布,风的上方要密些,以便迅速使烟

布满全园。在天气预报有霜冻危险的夜晚,当温度降至 5 ℃时点火发烟。用烟雾剂防霜冻效果也很好,烟雾剂的配方为硝酸铵 20%、锯木 70%、废柴油 10%。将硝酸铵研碎,锯木烘干,平时将原料分开放置,用时按比例混合放入铁筒或纸壳筒点燃,可提高温度 1.0~1.5 ℃,烟幕可维持 1 小时左右。

④喷水或根外追肥。于霜冻来临时树体喷水,水放出潜热并增加湿度而减轻冻害。根外追肥在晚霜发生前 1~2 天进行,对正在开花或谢花的核桃树喷磷酸二氢钾溶液,可提高花器、幼果及枝条的细胞液浓度,增强抗冻能力,同时兼有施肥的作用,防霜冻效果更好。

⑤地表覆盖。4 月初结合土壤管理,在树盘或整园内覆盖作物秸秆、草木灰、牲畜粪便等材料保温,以减少地面辐射损失。树下覆盖地膜保温效果也佳。

(三)抽条

核桃树越冬后枝干失水干枯的现象叫抽条,抽条又称灼条,在核桃树上比较常见,往往还伴有冻害、日烧发生。核桃树越冬抽条主要是由越冬准备不足的核桃树受冻旱影响所造成的。所谓冻旱,就是冬春期间(主要是早春)由于土壤水分冻结或地温过低,根系不能或极少吸收水分,而地上部枝条蒸腾作用强烈,造成植株严重失水的现象,是由树体吸水和失水(蒸腾)不平衡造成的。核桃树抽条受外界气候影响特别大,冬春冻土深、解冻迟而地温低,早春气候干燥、多风而水分强烈蒸发时,容易造成抽条。此外,核桃品种、核桃本身营养贮存状况和枝条的充实程度差也是造成抽条的重要原因。主要防治措施有:

(1)选择抗寒性强的品种:要选择抗寒性砧木,在核桃产区,以选用当地核桃作为砧木为宜。在品种选择上,应优先选择地方优良抗寒核桃品种,如鲁果 12 号、秋香等,避免发展不抗寒的核桃品种。

(2)合理施肥:核桃园施肥时,结合秋季核桃园深翻施肥,以腐熟的有机肥为主,一般施有机肥 3 000～4 000 千克/亩。6 月以后以追施磷、钾肥为主,并配施适量氮肥。8 月喷施0.2%～0.3%磷酸二氢钾溶液,加 15% 多效唑500 倍液,每隔10 天喷一次,共喷 2～3 次,以促进枝条早停止生长,提高木质化程度,增强持水能力。

(3)适时灌水与排水:土壤含水量为田间持水量的60%～80%时最有利于核桃树生长,若土壤水分不足,应适时灌水,以浸湿土层 0.8～1.0 米为宜。秋季要尽量少灌水,使土壤适当干旱,促进枝条木质化,以增强其越冬能力。另外,在土壤冻结前要灌足封冻水,使树体吸足水分,减少抽条。特别秋季下雨多,核桃园积水,造成核桃树烂根和落果,枝条徒长,木质化程度差,易产生抽条。核桃园要规划排水系统,及时排水,可避免因涝灾造成核桃树抽条以致核桃树死亡。

(4)加强中耕除草:5～6月核桃园在灌水或雨后结合追肥浅锄2～3次,深度10～15厘米,以消灭杂草、疏松土壤、蓄水保墒,促进根系生长,使核桃树生长健壮,枝条充实,以防止核桃树抽条的发生。

(5)合理修剪:夏剪是核桃幼树修剪的重点,在4月要及时抹除多余的芽枝,减少养分消耗。5～6月对枝条进行摘心,以增加枝条的粗度,积累养分。9月初对旺长的核桃树枝条进行摘心,防枝条徒长。冬季修剪采用短剪和疏剪的方法,及时剪去多余的无效枝,减少养分消耗,改善通风透光条件,增强树体抗性。

(6)防治大青叶蝉:9月末10月初在雌成虫产卵前,喷施20%叶蝉散乳油800倍液2～3次,7～10天喷一次。结合冬季修剪,剪除被害枯梢并烧毁。

(7)树干涂白:在越冬前,树干涂白,以确保核桃树安全越冬,同时还可防治核桃小吉丁虫危害。

(8)涂保护膜:用聚乙烯醇胶涂刷幼树枝干,也可起到一定的防寒效果。

(9)采用地面覆盖:核桃树栽植后及时给核桃树覆盖地膜,可以起到提高地温、防旱保墒、防止杂草生长,从而增强树势和提高核桃树抗性的作用。也可在封冻前,在树盘周围铺30～40厘米厚的马粪,在马粪上封一层土。待土壤化冻后,将其翻入土中,同样起到增温、施肥、保墒的作用。

(四)风害

核桃叶片大,对大风的阻力大,同样,大风对核桃枝条的作用力也大。但是核桃枝条髓心大,木质部质地较松,对大风的承载能力有限。如果遇到风雨交加天气,枝条很容易断裂,特别是刚刚枝接的树伤口还没有完全愈合,一定要防止风害的发生。主要防治措施有:

(1)栽植防护林:防护林主要作用是降低风速,提高局部空气温度,增加湿度等。

(2)枝接后包扎紧:枝接后要用加厚的地膜由下至上包扎,直至缠到接穗顶部,再用塑料绳自上而下扎紧。

(3)绑缚支架:枝接嫁接成活后,待新梢长到 20 厘米左右后要及时绑扎支架,防止风害。

十　采收与处理技术

　　果实采收和采收后的处理是实现优质、高效益的重要环节,也是产品增值和进入商品市场的最后一道管理程序。核桃果实采收时期对坚果品质有重要的影响,品种不同、地域不同、用途不同,采收时期有所差别。采收后果实脱青皮,坚果干燥、贮藏、分级、包装等环节,是提高坚果商品性状、产品价值和市场竞争力的重要措施,各核桃主产国都非常重视。

(一)采收时期

1. 不同产地和品种的采收时期

　　核桃果实成熟的外部特征是:青果皮由绿变黄,部分顶部出现裂纹,或青果皮容易剥离。内部成熟的特征是:种仁饱满、幼胚成熟、子叶变硬、风味浓香。核桃在成熟前30天左右果实和坚果大小基本稳定,但种仁重量、出仁率和油脂含量均随采收时间适宜推迟而呈递增趋势。不同品种的采收期不同,一般认为80%的坚果果柄处已经形成离层,且其中部分果实顶部出现裂缝,青果皮容易剥离时为适宜采收期。

采收过早,青皮不易剥离,种仁不饱满,出仁率低,脂肪含量降低,影响坚果产量,而且不耐贮藏;采收过晚,果实易脱落,同时青皮开裂后停留在树上的时间过长,会增加感染霉菌的机会,导致坚果品质下降。因此,为保证核桃坚果的产量和品质,应在坚果充分成熟且产量和品质最佳时采收。

核桃果实的成熟期,因品种和产地气候条件不同而异。早熟和晚熟品种之间果实成熟期可相差 10～25 天,我国北方地区核桃的成熟期多在 8 月下旬至 9 月上旬,南方地区相对早些。同一品种在不同产区成熟期有所差异。同一地区,平原区较山区成熟早,阳坡较阴坡成熟早,干旱年份较多雨年份成熟早。

目前,我国核桃"掠青"早采现象相当普遍,且日趋严重。目前核桃的采收期一般提前 10～15 天,产量损失 8％左右,按我国 2011 年产量 120 万吨统计,每年因早采收约损失 9 万吨。提早采收也是近年来我国核桃坚果品质下降的主要原因之一。因此,适时采收是增加产量和提高坚果质量的一项重要措施,应该引起主管部门和果农的足够重视。

2. 不同用途品种的采收期

(1)干制核桃:根据不同采收期种仁内物质含量的测定结果,应在青皮变黄、部分果实出现裂纹、种仁硬化时采收。

(2)鲜食核桃:鲜食核桃是指果实采收后保持青鲜状态,食用鲜嫩果仁。鲜食核桃应早于干制核桃采收,果实青皮开始变黄、种仁含水量较高、口感脆甜时采收。

（3）油用核桃：油用核桃的种仁含油量、坚果出仁率和成熟度密切相关。应选种适宜的油用品种，应在果实充分成熟、种仁脂肪含量最高时采收。

（二）采收方法

核桃果实采收方法有人工采收法和机械震动采收法两种。目前，我国普遍采用人工采收法。人工采收法是在核桃成熟时，用带弹性的长木杆或竹竿敲击果实。敲打时应该自上而下、从内向外顺枝进行。如由外向内敲打，容易损失枝芽，影响翌年产量。

机械震动采收法，在采收前10～15天喷500～2 000毫克/千克的乙烯利催熟，然后用机械环抱震动树干，将果实震落于地面，可有效脱除青果皮，大大节省采果及脱青皮的劳动力，也提高了坚果品质，国外核桃采收多采用此类方法。喷洒乙烯利时必须使药液遍布全树冠，接触到所有的果实，这样才能取得良好的效果。使用乙烯利会引起轻度叶子变黄或少量落叶，属正常现象。但树势衰弱的树会发生大量落叶，故不宜采用。

为了提高坚果外观品质，方便青皮处理，也可采用手工单个核桃采摘的方法，或用带铁钩的竹竿或木杆顺枝钩取，避免损伤青皮。采收装袋时把青皮有损伤和无损伤的分开装袋。

(三)脱青皮与坚果干燥处理

人工打落采收的核桃,70%以上的坚果带青果皮,故一旦开始采收,必须随时采收、随时脱青皮、随时干燥,这是保证坚果品质优良的重要措施。带有青皮的核桃,青皮具有绝热和防止水分散失的性能,使坚果积累热量。当气温在37 ℃以上时,核仁容易达到 40 ℃以上而受高温危害,在炎日下采收时更要加快捡拾。核桃果实采收后,将其及时运到室内或室外阴凉处,不能放在阳光下暴晒,否则会使种仁颜色变深,降低坚果品质。

1. 果实脱青皮

(1)人工脱皮法:核桃果实采收后,及时用刀或剪刀将青皮剥离,削净果皮。此法人工需要量大,效率低,目前基本不采用此法。

(2)堆沤脱皮法:收回的青果应及时放到阴凉、通风处,青皮未离皮时,可在阴凉处堆放(切忌在阳光下曝晒),然后按 50 厘米左右的厚度堆成堆。可在果堆上加一层 10 厘米左右厚的湿秸秆、湿袋或湿杂草等,这样可提高堆内温度,促进果实后熟,加快果实脱皮速度。一般堆沤 4~6 天,当青果皮离壳或开裂达到 50%以上时,可用脚轻踩,或用棍敲击或用手搓皮。部分不能脱皮的果实用刀削除果皮或再集中堆沤数日,直到全部脱皮为止。堆沤时间与果实成熟度有关,成熟度越高,堆沤时间越短。但堆沤时间切勿过长,以免青皮变黑使果壳变色,或污液渗入坚果内部污染种仁,降低坚果品质。在操作过程中应尽量避免手、脚和皮肤直接接触青皮。

(3)乙烯利脱皮法:此方法是我国核桃主产区广泛采用的脱青皮方法。果实采收后,在浓度为3 000～5 000毫克/千克乙烯利溶液中浸蘸约30秒,再按50厘米左右的厚度堆在阴凉处或室内,维持在温度30 ℃左右、相对湿度80％～90％的条件下,再加盖一层厚10厘米左右的湿秸秆、湿袋或湿杂草等,经2～3天左右,离皮率达95％以上。此法不仅时间短、工效高,而且还能显著提高果品质量。注意在应用乙烯利催熟过程中,忌用塑料薄膜之类不透气材料覆盖,也不能装入密闭的容器中。

(4)冻融脱青皮:采收的核桃剔除病、虫害果后,在－5～－25 ℃进行低温冷冻,至青皮冻透,然后升温至0 ℃以上融化,采用机械或人工去除青皮。冻融法快速高效,脱皮率高,壳干净且色浅亮,品质佳。

(5)机械脱青皮法:用机械脱青皮可配合清洗工序一并进行。该方法脱青皮快,脱皮率高,不污染坚果,剥离青皮后的坚果用清水去除壳表面的青皮残渣。

2.坚果干燥方法

脱掉青果皮和洗净表面的坚果,应尽快进行干燥处理,以提高坚果的品质和耐贮运能力。坚果干燥方法主要有晾干法、烘干法和热风干燥法。

（1）晒干法：北方地区秋季天气晴朗、凉爽，多采用此法。漂洗干净的坚果，不能立即放在阳光下暴晒，应先摊放在竹箔或高粱箔上，在避光通风处晾半天左右，待大部分水分蒸发后再摊开晾晒。湿核桃在日光下暴晒会使核壳翘裂，影响坚果品质。晾晒时，坚果厚度以不超过两层果为宜。晾晒过程中要经常翻动，以达到干燥均匀、色泽一致，一般经过 10 天左右即可晾干。

（2）烘干法：在多雨潮湿地区，可在干燥的室内将核桃摊在架子上，然后在屋内用火炉烘干。干燥室要通风，炉火不宜过旺，室内温度不宜超过 40 ℃。

（3）热风干燥法：用鼓风机将干热风吹入干燥箱内，使箱内堆放的核桃快速干燥。鼓入热风的温度应在 40 ℃左右，温度过高会使核仁内油脂变质，贮藏几周后即腐败不能食用。

（四）分级与包装

1. 坚果分级及安全指标

（1）分级的意义：核桃坚果分级是适应国际市场和国内市场需求、实行优级优价、保证商品质量、执行产品标准化、市场规范化的重要措施，也是产品市场竞争的需求。

（2）分级标准：在国际市场上，核桃商品坚果的价格与坚果的大小和质量有关，坚果越大价格越高。根据核桃外贸出口要求,坚果依直径大小分为三等:一等为大于30毫米,二等为28~30毫米,三等为26~28毫米。美国现在推出大号和特大号商品核桃,我国也开始组织出口32毫米商品核桃。出口核桃除要求坚果大小主要指标外,还要求壳面光滑、洁白,核仁干燥(核仁水分不超过4%),成品内不允许夹带其他杂果,不完善果(欠熟果、虫蛀果、霉烂果及破裂果)总计不得超过10%。

2006年颁布的《核桃坚果质量等级》国家标准中,以坚果外观、单果平均质量、取仁难易、种仁颜色、饱满程度、核壳厚度、出仁率及风味等8项指标,将坚果品质分为4个等级。

表8-1 核桃坚果不同等级的品质指标(GB/T20398-2006)

<table>
<tr><td colspan="2">项目</td><td>特级</td><td>Ⅰ级</td><td>Ⅱ级</td><td>Ⅲ级</td></tr>
<tr><td colspan="2">基本要求</td><td colspan="4">坚果充分成熟,表面洁净,缝合线紧密,无漏仁、虫蛀、出油、霉变、异味等。无杂质,未经有害化学漂洗处理</td></tr>
<tr><td rowspan="3">感官指标</td><td>果形</td><td>大小均匀,形状一致</td><td>基本一致</td><td>基本一致</td><td></td></tr>
<tr><td>外壳</td><td>自然黄白色</td><td>自然黄白色</td><td>自然黄白色</td><td>自然黄白或黄褐色</td></tr>
<tr><td>种仁</td><td>饱满,色黄白,涩味淡</td><td>饱满,色黄白,涩味淡</td><td>较饱满,色黄白,涩味淡</td><td>饱满,色黄白或淡琥珀色,稍涩</td></tr>
</table>

项目		特级	Ⅰ级	Ⅱ级	Ⅲ级
物理指标	横径/毫米	≥30.0	≥30.0	≥28.0	≥26.0
	平均单果质量/克	≥12.0	≥12.0	≥10.0	≥8.0
	取仁难易度	易取整仁	易取整仁	易取半仁	易取四分之一仁
	出仁率/%	≥53.0	≥48.0	≥43.0	≥38.0
	空壳果率/%	≤1.0	≤2.0	≤2.0	≤3.0
	破损果率/%	≤0.1	≤0.1	≤0.2	≤0.3
	黑斑果率/%	0	≤0.1	≤0.2	≤0.3
	含水率/%	≤8.0	≤8.0	≤8.0	≤8.0
化学指标	粗脂肪含量/%	≥65.0	≥65.0	≥60.0	≥60.0
	蛋白质含量/%	≥14.0	≥14.0	≥12.0	≥10.0

（3）坚果安全指标：

①感官要求。根据中华人民共和国农业标准《无公害食品　落叶果树坚果》（NY5307-2005）要求，同一品种果粒大小均匀，果实成熟饱满，色泽基本一致，果面洁净，无杂质，无霉烂，无虫蛀，无异味，无明显的空壳、破损、黑斑和出油等缺陷果。

②安全指标。应符合表8-2中各项指标的要求。

表8-2 安全指标(NY5307-2005)

项目	指标
铅(以 Pb 计)/(毫克/千克)	≤0.4
镉(以 Cd 计)/(毫克/千克)	≤0.05
汞(以 Hg 计)/(毫克/千克)	≤0.02
铜(以 Cu 计)/(毫克/千克)	≤10
酸价,KOH/(毫克/千克)	≤4.0
过氧化值,当量浓度/千克	≤6.0
亚硫酸盐(以 SO_2 计)/(毫克/千克)	≤100
敌敌畏(dichlorvos)/(毫克/千克)	≤0.1
乐果(dimethoate)/(毫克/千克)	≤0.05
杀螟硫磷(fenitrothion)/(毫克/千克)	≤0.5
溴氰菊酯(deltamethrin)/(毫克/千克)	≤0.5
多菌灵(carbendazim)/(毫克/千克)	≤0.5
黄曲霉毒素 B_1/(微克/千克)	≤5.0

注:其他有毒有害物质的指标应符合国家有关法律、法规、行政规章和强制性标准的规定。

2. 包装与标识

核桃坚果包装主要有纸箱包装、塑料袋包装、金属容器包装及麻袋包装。国际市场优质核桃坚果多采用塑料袋包装或外加礼品盒包装。单件商品重量在 2.5 千克以内,主要面向超市及大型商场等场所。大宗商品采用麻袋包装,每袋 20～25 千克,袋口缝严,提倡用纸箱包装,袋外应系挂卡片,纸箱上要贴标签。卡片和标签上要写明产品名、产品编号、品种、等级、净重、产地、包装日期、保质期、封装人员姓名或代号。

(五)贮藏与运输

1. 坚果贮藏要求

核仁含油脂量高,可达 60% 以上,而 90% 以上为不饱和脂肪酸,其中有 70% 左右为亚油酸及亚麻酸,这些不饱和脂肪酸极易被氧化而酸败,俗称"变蛤"。核壳及核仁种皮的理化性质对抗氧化有重要作用,一是隔离空气,二是内含类抗氧化剂的化合物。但核壳及核仁种皮的保护作用是有限的,而且在抗氧化过程中种皮的单宁物质因氧化而使颜色变深,虽然不影响核仁的风味,但是影响外观。核桃适宜的贮藏温度为 1～3 ℃,相对湿度 75%～80%。核桃坚果的贮藏方法因贮藏数量与贮藏时间而异,一般分为普通室内贮藏法和低温贮藏法,普通室内贮藏法又分为干藏法和湿藏法。

2. 坚果贮藏方法

(1)常温贮藏:常温条件下贮藏核桃,必须达到一定的干燥程度,所以在脱去青皮后,马上翻晒,以免水分过多,引起霉烂。但也不要晒得过干,晒得过干容易造成出油现象,降低品质。核桃以晒到种仁、壳由白色变为金黄色,隔膜易于折断、内种皮不易和种仁分离、种仁切面色泽一致为宜。在常温贮藏过程中,有时会发生虫害和"返油"现象。因此,贮藏时必须低温干燥,注意通风,并定期检查。如果贮藏时间不超过次年夏季,可用尼龙网袋或布袋装好,进行室内挂藏。数量较大时用麻袋,或堆放在干燥的地上贮藏。

(2)塑料薄膜袋贮藏:北方地区,冬季由于气温低,空气干燥,在一般条件下,果实不至于发生明显的变质现象。所以,用塑料薄膜袋密封贮藏核桃,秋季核桃入袋时不需要立即密封,从翌年2月下旬开始,气温逐渐回升时,用塑料薄膜袋进行密封保存,密封时应保持低温,使核桃不易发霉。秋末冬初,若气温较高、空气潮湿,核桃入袋必须加干燥剂,以保持干燥,并通风降低贮藏室的温度。采用塑料袋密封黑暗贮藏,可有效降低种皮氧化反应,抑制酸败,在室温25℃以下可贮藏1年。

如果袋内通入二氧化碳,则有利于核桃贮藏。若二氧化碳浓度达到50%以上,也可防止油脂氧化而产生酸败现象及虫害发生。袋内通入氮气也有较好效果。

(3)低温贮藏:若贮藏数量不大,而时间较长,可采用聚乙烯袋包装,在冰箱内0~5℃条件下,贮藏2年以上品质仍然良好。数量较多、贮藏时间较长时,最好用麻袋包装,放于－1 ℃左右的冷库中进行低温贮藏。

在贮藏核桃时,常发生鼠害和虫害。一般可用溴甲烷(40 克/立方米)熏蒸库房 3.5～10 小时,或用二硫化碳(40.5 克/立方米)密闭封存 18～24 小时,防治效果显著。

尽可能带壳贮藏核桃,如要贮藏核仁,应用塑料袋密封(核仁因破碎而使种皮不能将仁包严,极易氧化),再在 1 ℃左右的冷库内贮藏,保存期可达 2 年。低温与黑暗环境可有效抑制核仁酸败。

此外,采用合成的抗氧化材料包装核桃仁也可抑制因脂肪酸氧化而引起的腐败现象。